THE WORLD'S MOST POWERFUL LEADERSHIP PRINCIPLE

僕人 II

修練與實踐

詹姆士・杭特 *James C. Hunter* 著　李紹廷 譯

推薦語

如果你是一位高瞻遠矚的領導者，這就是你必看的一本書！

——AES愛伊斯電力公司創始人　丹尼斯．貝克（Dennis Bakke）

西諾佛金融公司致力於在組織內部發展「僕人式領導」，本書就是協助我們向前邁進的工具。不論是對於公司員工、企業，或者是整個世界來說，本書都是不可多得的佳作！

——西諾佛金融公司執行長　詹姆士．白蘭齊（James Blanchard）

本書對蓬勃發展中之企業提出兩項務必遵循的原則：領導者謙遜無華的本質；以及坐而言不如起而行。

——玻璃集團衛神工業總裁　羅素．伊百德（Russell Ebeid）

本書將「僕人式領導」的概念應驗在真實管理上。閱讀本書，你的獲益將遠大於一切。

——浸信健康關懷服務人力資源處處長　布萊恩·瓊斯（Brian Jones）

我真的很喜歡這本書。本書是獻給行動派領導人使用的工具書，同時也是行動派僕人領導者的聖經！

——TD建築公司執行長　傑克·羅威（Jack Lowe Jr.）

敝公司自推行「僕人式領導」之後，全球分公司都已獲利無數！本書提供了執行僕人式領導的方法，讓所有人都能容易了解這項管理哲學的精髓。

——富蘭克林工業執行長　戴文·麥卡錫（Devin McCarthy）

本書對於「僕人式領導」的解說，算得上是透澈淋漓！

——美洲豹能源企業執行長　小詹姆士·莫爾（James Moore Jr.）

本書在所有闡述「僕人式領導」的叢書中鶴立雞群。敝公司早已將作者的第一本《僕人》列為員工必讀的書籍，而這本書理所當然的成為所有員工的家庭作業！

——節慶食品執行長　戴夫．史考根（Dave Skogen）

本書的確值得一看再看。它不但闡述了僕人式領導的本質；同時，也教導我們如何成為真正的領導者。

——高登食品人力資源處資深經理　克雷格．史密斯（Craig Smith）

本書闡述的原則是雋永的，同時，也可以稱得上是人類天性中最原始的行為法則！

——派特道森公司總裁　麥克隆．蘇立文（Malcolm R. Sullivan Jr.）

本書可稱得上是僕人領導者的一份大禮！內容明確，淺顯易懂。讓你在通往僕人式領導的方向一路平坦！

——喬治亞州僕人式領導聯盟執行總裁　羅勃特．湯瑪斯（Robert Thomas）

推薦序

領導真諦

溫肇東

市面上需要另一本有關領導的書嗎？雖然我不是教領導的，但我書架上至少有二十本，亞馬遜網路則有二百六十多萬本。中外公司每年領導訓練課程費用高達一百五十億，表示這方面需求很旺盛，每年都有新的幹部被賦予領導的任務，領導是與生俱來的嗎？似乎不是；許多已在領導的人也沒能做好領導的工作，因此他們也需要學習。另外，是否有可能目前有關領導的產品或服務，數量雖很多，但品質不夠好？

《僕人：修道院的領導啟示錄》以及《僕人修練與實踐》這兩本倡導「僕人式領導」（**Servant Leadership**）的書確實不一樣，在亞馬遜網站上讀者評論分別獲得五顆星與四顆半，這是很難得的。作者詹姆士·杭特分別以故事及論說的方式，讓你對「領導」有全然一新的看法與做法。僕人式領導倡導為別人服務、為別人奉獻，是領導的開始。書上這麼說，大多數離職者並不是真的想離開公司，而是想放棄他們的主管，領導不好的老闆。

作者一開始對領導定義，就說它是一種「技能」，技能的學習和知識的學習是不同的，不是看書或上課就學得會。你還記得你以前有關技能的課，都是怎麼學的嗎？你如何學會游泳、騎腳踏車或打字，基本上用「身體」去學的東西，熟能生巧，學會了就一輩子會；相反的，用「腦袋」去學，如物理、化學、數學，後來沒用到，大部分人早就忘光光，還給老師了。

大家都知道哈佛商學院是不用教科書的，以研讀、討論個案為主，連「領導」的課也是用個案教。我記得嬌生公司的頭痛藥被千面人下毒的危機處理事件就是領導的個案之一。但二〇〇五年到哈佛接受「個案教學」的課程前，他們曾寄來兩本「書」，其中一本是《判斷的教育》（*Education for Judgment: The Artistry of Discussion Leadership*）。「判斷」是一個領導者最重要的工作之一，因領導者要決定（Make Decision）組織該做的事（why & what）。

作者認為領導和管理無關。管理是計畫、預算、問題解決、控管、維持組織運作。

管理是日常的行為，而領導則和本身的「性格」有關，性格會影響你的決策與選擇，書中提到「唯有當做出正確的事情所必須付出的代價大於我們願意付出的程度時，才能突顯出性格的真正所在」。

作者也說性格其實就是每一個人習慣的總和。想要成為一位以「僕人精神」為本質的領導人，必須具備極強的動機、舉一反三的能力，以及經常的練習，最重要的是有意願及動機想要改變自己、追求成長。「舉一反三」是一種反思（reflection）的能力。凡事都要養成意會（**Sense-Making**）的習慣，只有將自己的學習經驗、知識及體會融入每天的生活中，潛移默化，你才有可能成為一個成功的領導人。

而領導最重要的是激勵別人，讓他們把事情做好。領導可以影響人們願意，甚至是熱誠地奉獻自己的心力、創造力，以及其他可能影響到彼此之間共同目標的資源，領導就是要讓人們願意對團體的使命具有責任感。慈濟在這方面做得很不錯，每項活動都可動員那麼多的志工，尤其在災難、救急的現場都可在第一時間趕到，有條不紊，很愉快法喜地完成任務，還要感恩對方給他們這個機會成長。對領導人終極的測試是，當你的部屬離開你部門之後的表現，會比他還沒有加入你的部門之前表現得更好嗎？

在政大EMBA領導與團隊的課程，每年都會要同學提出領導的「典範」，從過去大家熟悉的施振榮、張忠謀、史蒂夫・賈伯斯，到孫運璿、慈濟、尤努斯。我們曾討論到周杰倫是不是領導的典範？他是當代華人原創歌曲、流行文化極有影響力的少數人，他唱〈青花瓷〉這首歌的詞都被納入了大陸考題。在文創方面的領導人和在科技業有些不一樣，他不一定有組織，有組織也不一定很大，像雲門、表演工作坊，但他們的影響力、感染力都無遠弗屆。

書中特別區分威權（power）和威信（authority）的差異，多數傳統的領導角色都以威權為主，只有少數領導人會在威權的領導風格之外建立一些威信，藉由這樣的組合，得到眾人的信任。威權是買賣，能夠買賣的東西，能夠得到也會失去；而威信是一種技能，讓你運用個人影響力，讓別人心甘情願地照著你的意願行事。這是我們在學理上稱交易型（transaction）領導和轉型（transformation）領導的另一種說法，這兩種領導的方式若能適當地交互運用、組合，可以發揮領導的功能。

作者有兩個章節特別提到「愛」，愛是推己及人，找尋出別人的需求；同時，也為了滿足別人所需而努力，這就是僕人的意義，以及這兩本書以「僕人」做為題目的真諦。作者引了《聖經》〈哥林多前書〉第十三章「愛的箴言」中，愛的「八大特質」包括：愛是忍耐、恩慈、謙卑、尊重、無私、寬恕、誠實、守信（後六個從原詩句中的否定改為肯定說法），這些道理和我很敬重的日本「經營之聖」稻盛和夫的言行十分接近，他除了創立京瓷（Kyocera）、第二電電公社（KDDI）、「盛和塾」等之外，在退休修行多年後，又以七十八歲高齡出山，承接了挽救「日本航空」的歷史重任。他就是「勇於承擔」這項領導人特質的典範。稻盛和夫在《人生的王道》所提出的道理，以及他從創業以來的領導風格，和僕人式領導十分接近。

在最前面我們提到，領導是一項技能，不是用看書就可以學到的，作者覺得人必須下定決心改變習慣，從「無知無覺、尚未學習」、「已知已覺、正在學習」、「已知已覺、已經學會」，到「不知不覺、運用自如」。雖說「技能」會越用越純熟、舉一反三、觸類旁通，但知行合一在實務上很困難，這也是為什麼放眼望去，我們相當缺好的領導人。多年前，在一次領導人的座談會中，張忠謀說在台積電，足以勝任領導人的數目不出一個手掌；當時同席的施振榮說在泛宏碁集團內，可以獨當一面的領導人超過一千人（群龍計畫），這十足反應了二位對組織、領導及人才的看法與做法。我比較贊成在大小、組織不同的位階，我們都需要適合其所的領導人。

在美國的北達科他州（North Dakota）羅斯摩爾山（Mount Rushmore）有四位總統的雕像（華盛頓、傑佛遜、林肯及羅斯福），美國歷屆有那麼多總統，為什麼是這四位？因為這四位影響力最大，在他們領導的期間，做了一些對美國整個國家及美國人影響最大的事情。在哈佛寄來的另一本書《記得你是誰》，其中有一篇寫到為我們授課的一位老師，在這四座雕像下，被他女兒問到，你影響過什麼人？從此他很注意自己到底是否影響了上過他的課的同學。其實能上哈佛的不是現在就是未來的領導人，在每一堂課的互動，是否能影響他們變成一個較佳的領導人，對企業、國家、社會都很重要。

最後，以這個故事和本書的讀者共勉，讓我們在不同崗位上，發揮我們各自的影響力。

（本文作者為創河塾塾長、政治大學科技管理與智慧財產研究所兼任教授）

追尋真理

陳定川

《僕人：修道院的領導啟示錄》與《僕人修練與實踐》二書，作者為著名企管顧問專家詹姆士．杭特（James C. Hunter），他致力於僕人式領導的研究與企業研習，在繼《僕人：修道院的領導啟示錄》（第一集）之後，將僕人式領導以更深入的體驗與看法，撰寫出《僕人修練與實踐》（第二集），就「領導」、「威權與威信」、「愛與領導」、「人性與性格」、「改變與實踐」，完整闡述僕人式領導的精義以及如何實際踐履。

《僕人I》以虛擬故事敘述一位全球知名企業總裁約翰，爬到個人事業頂峰，外表看來生活富裕美滿，然而實際上事業與家庭卻暗藏危機與掙扎。睿智的妻子鼓勵他暫時拋開一切，去參加密西根湖畔一所修道院為期一週七天的領導課程。本梯次學員共六位，三位男士：教會牧師、陸軍軍官和企業總經理約翰；三位女士：公立學校校長、醫院護理長與籃球隊教練。接著，由講師西面修士與六位學員之間的問答互動，展開本書所要傳達的重要觀念：威權與威信、欲望與需求、愛的真義等等。這些觀念都是領導者實際上經常面對的難題，透過參加學員不同的看法來釐清這些觀念，並帶出「愛」與「僕人」兩個議題。經過七天真理的洗滌與省思，約翰對人生有了全新的領悟與動力。

在讀完《僕人Ⅰ》之後，我很感動，也很想有機會到密西根湖畔那所修道院上課，但這是一個虛擬的故事情節，所幸作者撰寫了《僕人Ⅱ》，將有關管理與領導的實務做法，做進一步的闡釋，其中正確積極的觀念和思想，影響我們一生的成敗，也決定我們一生的人際關係，這兩本書都是值得精讀、反覆思考的好書。下面列舉特別值得細細咀嚼的內容：

一、西面修士的高貴靈性

《僕人Ⅰ》描繪長者講師西面修士的高貴靈性與品格：「他渾身散發著無人能及的靈性智慧，不過並不帶有宗教色彩，他的品格脫俗高潔，世上無人能及，他整個人充滿喜樂。他的體能狀況很好，臉色紅潤，一雙炯炯有神的眼睛，清澈得像海一樣藍，彷彿可以洞悉人心，卻又洋溢著無限關懷。他晶亮的雙眼和全身散發出來的靈性和風采，卻又十足像個天真的孩童……。」這是多麼令人羨慕的人生最高境界。前述描繪的西面修士和我年輕時在教會遇到的一位長者很相似，令我景仰，成為我努力追求的人生目標。

二、威權與威信

書中在解釋威權（power）與威信（authority）之間的差異，引述小孩為什麼會有叛逆行為，是因為父親以威權來教養自己的小孩。「威權對關係的破壞可大了，行使威權或許可保一時的風平浪靜，甚至還可以達成目標，但是日積月累之後，關係也就破壞殆盡。青少年在青春期發生的叛逆行為，若類比員工的騷亂，不也是一種叛逆與發洩嗎？」這也是在現實社會中常看到的現象，以為有了權力，就有了一切，強迫他人照著自己的決心行事，而非讓他人心甘情願地照著自己的決心行事。如果讀完這兩本書之後，心態有所改變，一定能改善人際關係。

三、欲望與需要

領導人必須找出並滿足部屬的基本需要（need），但不是滿足部屬的所有欲望（want）。我經營的永光化學，標榜的企業文化為：「正派經營、愛心管理」。過去，員工部屬經常提出各種要求，如拒絕他們，就被扣上「沒愛心」的大帽子，帶來不少困擾。其實，若釐清他們的要求，究竟屬於需要或欲望，大多數問題都可迎刃而解。「工廠裡的員工老是要求加薪，要是照辦，加到一小時二十美元，因無法競爭，工廠一定不久就關門大吉。到頭來，或許滿足員工的欲望加了薪，但卻無法滿足他們的真正需求——穩定的工作。」在家庭關係上也是如此，做父親的身為家庭領導者，必須滿足孩子的基本需求，但可以適度拒絕他們無窮的欲望。因此，區分辨別需要與欲望，是一個很重要的課題。

四、愛的真義

愛是動詞，而非名詞；它指的是愛的行動，而非愛的感覺。「愛」是這兩本書所要闡述的核心議題，也是基督教的核心價值。希臘文用好幾個不同的字眼來表達「愛」，用以區別各種層次的愛：有神與人之間的愛（apagé）、兩性之間的愛（eros）、家人親情之間的愛（storgé）、手足同胞的愛（philos），以及無條件的愛（agapé）。《新約聖經》對「agapé」這種無條件的愛，提出非常優美的解釋，在《聖經》〈哥林多前書〉第十三章：「愛是恆久忍耐，又有恩慈；愛是不嫉妒，愛是不自誇，不張狂，不做害羞的事，不求自己的益處，不輕易發怒，不計算人的惡，不喜歡不義，只喜歡真理；凡事包容，凡事相信，凡事盼望，凡事忍耐。愛是永不止息。」這段經文被譜成歌曲〈愛的真諦〉，常用在婚禮上對新婚夫妻祝福，也深受一般人喜愛。西面修士根據這篇經文，將愛再進一步闡釋歸納為「忍耐、恩慈、謙卑、尊重、無私、寬恕、誠實、守信」，其實就是威信領導所需的特質。每一項特質都是行為而非感覺，其豐富的含意，遠超過一般對愛的狹隘解釋，引導我們用更寬廣的角度和層面去探討「愛」、「領導」與「人生」。

五、信仰問題

在《僕人I》中，作者透過故事的敘述方式，逐漸引導我們進入思考人生最重要的信仰問題。從西面修士與企業家總裁約翰的對談中，把每個人信仰的問題提出來，包括你和我都會有的疑問。約翰說自己沒有宗教慧根，西面回答：「每個人都有信仰，我們或多或少都抱持著某種信念。對於因果、自然、宇宙的目的，信仰就像是一張地圖，它是一套模式，或是一些信念，用來回答最為複雜難懂的存在問題。」「我們必須自己決定應該怎麼看待這些信念，我們都得自己面對信仰，就像我們都只能自己面對死亡一般。」約翰又問：「可是西面，你怎麼會知道自己應該相信什麼？你又怎麼知道什麼才是真理？」「若是你一心追尋真理，你會找到答案。」藉這樣的問與答，提供我們思考，也提出具體的答案：**有心追求就可找到答案**。作者不只是對企業管理有權威專業，對信仰能如此深入淺出闡述，展現他對信仰有認真深入的思考與研究。

《僕人II》的最末有四個附錄，其中「領導技能清單」、「SMART行動計畫」是本書最重要的部分，讀者可自我評量並由主管、部屬、平行同事評鑑，再化為具體的行動計畫。書中的內容對每位讀者在觀念認知上有極大的幫助。然而更重要的是，行動與改變。如同游泳，沒有人可以藉著閱讀書籍與影片就能學會游泳，領導也是一種需要學習、發展且持續改善的技能。

《僕人I》及《僕人II》能幫助我們建立正面積極的思想和觀念，是值得大家精讀的兩本好書。最後，願大家都開始練習愛的行為，願意為他人犧牲奉獻，成為卓越的領導人；並且祝大家用心追尋真理，讓真理引導你們走向光明幸福的人生道路，到年老時像西面修士具有脫俗高尚的品格特質，享受完美人生。

（本文作者為永光集團創辦人暨榮譽董事長）

The World's Most Powerful Leadership Principle

How to Become a Servant Leader

目錄

這是另一本關於領導的書嗎？

我們常常需要有人提醒我們的行為，這遠比時時有人教導我們要有效許多。

——無名氏

最近這段時間對於美國企業的領導人而言，可說是風風雨雨。

在我寫作此書的同時，不少企業的執行長，成為社會各界議論的對象，有不少企業爆發醜聞，艾德爾菲有線電視公司（Adelphia）、安達信會計管理顧問公司（Arthur Andersen）、安隆（Enron）、美國海底電纜公司（Global Crossing）、泰科（Tyco），以及世界通訊（WorldCom）等企業，都在這段時間內一一中箭落馬。最近從《今日美國》（*USA Today*）、美國有線電視新聞網（CNN），以及蓋洛普（Gallup Poll）等統計調查的資料中得知，有七成的美國人民對於大型企業的執行長抱持著不信任的態度，更有八成的民眾認為，大型公司的高階主管會利用一些不正當的方式，將自己私人的費用轉為公司的費用報帳，企業執行長的可信度似乎已低落至谷底。

這些知名企業的醜聞讓我感觸良多，一方面，讓我感到欣慰的是，這些鬧出醜聞的企業惡棍能被揪出，代表現行的體系還是有效的；但是，從另一個角度來看，我對於其他許多辛勤工作且誠實的執行長，因為這些醜聞而受到池魚之殃，感到十分同情。事實上，我見過誠實且認真的執行長，要遠多於那些作奸犯科的執行長。這就如同一位梵學大師所言，如果因為一些企業醜聞就將所有執行長都視為騙徒惡棍，那就如同將所有牧師都視為有戀童癖的人一樣，這是完全不合理的論調！

企業的領導人都去哪裡了？

身為僕人式領導的學習者及教學者，我常常自問，在這一領域裡面，還有什麼需要再進一步討論或解釋的。

一項在亞馬遜網路書店（amazon.com）上的調查顯示，目前討論領導統御以及管理的叢書已經多達二十六萬五千多本！每一年更有許多雜誌或期刊也花了極大篇幅在討論這些相關課題。

現今，每一年有四分之三的美國企業會將人員外送參與領導課程的研習，其中花費的訓練經費，以及企業與管理顧問公司之間的諮詢費用更高達一百五十億美元之多！但是這些課程中，近九成的訓練課程空無一物，只是讓企業虛擲金錢以及時間。雖然，參加過類似課程的專業管理人的確可以得到一些新知，他們甚至可能在課程結束後仍處於鬥志高昂的情緒中，但事實上，卻只有不到一成的人會真正因為這些課程而改變自己的行為。

今日，全美國已經約有二百五十萬的商學院研究生，而今年又有十一萬名同樣背景的研究生即將畢業。可悲的是，我觀察到許多剛從一流學府畢業的社會新鮮人，當他們進入一些公司行號之後，最常做的一件事就是，不停地藉由展露自己的知識程度以加強別人對自己的印象。我已經遇過太多這一類型的高材生，他們充其量只知道如何「管理」部屬，但是，就「領導」部屬而言，他們還差得遠了！

根據蓋洛普機構最近的一項研究結果指出，有三分之二的離職原因，在於公司裡充斥著沒有效率或沒有能力的管理人員。換句話說，**大多數的離職者並不是真的想離開公司，而是想放棄他們的主管。**

很顯然的，企業領導人在這方面的認知與現實狀況有極大的差距。

在我們看過這麼多研究數據之後，可以歸納出一個重點，唯有優秀或稱職的領導人，才能確保企業的蓬勃發展。但是這些優秀或稱職的領導人，到底在哪裡？我常想像一個畫面，如果有一天來自火星的外星人，要求與我們的最高領導人見面時，我們有可能不知道該帶這位外星訪客去見誰。

因此，很明顯的一件事實是，在領導統御上還有一些重要的事項是被忽略的。

渴望追求更多

在我前一本書《僕人Ｉ》問市後，僕人式領導才得以獲得正視。而在這六年之間，我接獲數以萬計的詢問，詢問我應該如何才能把僕人式領導的價值以及原則導入企業的經營，或是日常生活中。對於大多數企業領導人而言，並不需要別人再來說服他們相信僕人式領導是一項值得依循的正確方法，因為僕人式領導的哲理已經得到驗證，他們所要追尋的，是一種可以執行的計畫，一本引導的書籍，或者是一張地圖，讓他們可以將這樣的管理哲學融入生活中。他們始終都有這樣的需求：「快跟我說要怎麼做才對！」

許多企業領導人渴望成為部屬心中的好主管，他們希望能成為更優秀的家長、球隊教練、配偶、老師、工作夥伴，或管理者。這些領導人真誠地希望在自己的信念、良好的意圖、實際行為與表現之間能尋求一個最好的平衡點。

從我個人第一手的經驗得知，為數不少的企業領導人深知自己並無法取得部屬的信任與認同，而且他們急切地希望尋求幫助，以改善自己的領導技能。許多領導人在歷經與X世代、Y世代這些新新人類所形成的工作團體共事後，早已確定威權式領導不合時宜。

除了領導人的這些渴望之外，全球各地還興起一股探索內在心靈的風潮，例如一九九五年由四十萬非裔美國人發起的「防護家園：百萬人行走運動」（Million Man March）、梅爾・吉勃遜的電影《受難記》（*The passion of The Christ*）、「十二個階段的自我修練」（12-step programs），以及「守約者活動」（promise keepers）等等。甚至連美國《商業週刊》（*Business Week*）的封面故事也出現了「職場靈修」（Spirituality in the

Workplace）這類報導。二〇〇一年，發生於紐約市的九一一事件，讓一些詞彙再一次盛行，如性格、禱告、上帝，以及領導統御等。在我個人舉辦的研討會中，我也發現不少的企業領導人嘗試將個人心靈信仰融入工作與生活中。而《僕人I》這本書廣受好評，也讓我對於這樣的社會趨勢有了更深的體認。

因此，我可以很明確地告訴大家，渴望追求更多的人不在少數。

這也就是我著手寫這本書的主要原因。

好消息

首先，第一個好消息是，即使是面對當今在「領導」方面的種種嚴苛考驗，僕人式領導仍然經得起時間的考驗。

第二個好消息是，僕人式領導不只是增加領導人「腦袋裡的知識」，同時也可以讓領導人在日常行為上運用自如。

第三個好消息是，只要領導人有改變、學習及成長的意願，就一定能學習及應用僕人式領導的技能。

最後一個好消息，全球許多企業對於領導、人，以及關係的看法，已經有了改變。近十幾年來，已有不少知名的作者及文獻針對關係（relation）與價值取向領導（values-based leadership）提出討論，雖然得出的結論不盡相同，使用的名稱也有所不同，但他們討論的歸根究柢其實是相同的事，也就是人與關係。也因此，僕人式領導才在世界上受到相當矚目。這一點我們可以從現今受人尊崇的成功企業都奉行僕人式領導的這件事實上得到充分證明。

《財星》（*Fortune*）雜誌提供的各項排名都十分受到矚目，其中最知名的是財星五百大企業排名，這項排名是依所有企業在過去一年的營業額加以排列順序。《財星》雜誌每年還有另外兩項著名的調查排名：「上班族最想進入的一百大公司」（100 Best Companies to Work For），以及「最受美國人尊崇的企業」（America's Most Admired Companies）。

在《財星》雜誌最近一期的「上班族最想進入的一百大公司」之中，有超過三分之一、也就是三十五間企業，早已導入僕人式領導，或是將僕人哲學當成經營管理的核心運作原則。而在這項排名的前五名中，有四間企業早已將僕人式領導運用在企業管理流程中：包裝用品公司貨櫃商店（The Container Store）、西諾佛金融公司（Synovus Financial Corp.）、TD建築公司（TD Industries），以及西南航空（Southwest Airlines）。

而《財星》雜誌最近一期「最受美國人尊崇的企業」排名中，有十間企業也已採用僕人式領導。這些著名企業包括：聯邦快遞（Federal Express）、萬豪國際飯店（Marriot International）、美敦力鼎眾醫療器材公司（Medtronic）、大型窗戶製造商沛拉（Pella）、何曼米勒傢俱公司（Herman Miller）、服務大師公司（ServiceMaster），以及美國雀巢（Nestlé USA）等。事實上，這項「最受美國人尊崇的企業」的前一、二名企業也實際運用了僕人式領導，一間是沃爾瑪百貨（Wal-Mart），這間世界知名、堪稱為全球最巨大的商業體，一年的營業額達到兩千五百億美元之多，旗下員工多達一百四十萬人；另一間就是世界上經營最成功的航空公司之一——西南航空。

壞消息

準備好了嗎？

「看完了本書，我們不能保證你一定成為一位更優秀的領導人！」如果你在看過了這樣的宣言之後，還有繼續閱讀本書的意願，那麼請務必繼續下去。

你一定了解，沒有人可以在讀了一本書、聽過一次演講、看完一遍訓練課程的影片，或是參加幾次領導管理的課程後，就成為一位十分成功的領導人。你唯一能達到的是，藉由上述這些做法加強自己在領導統御方面的學習，但是，你絕不可能因為做了這些事就成為一位卓越的領導人。

要成為一位技巧熟練的領導人，就如同要成為名醫、主廚、律師、鋼琴演奏家，甚至於是高爾夫球選手一般。你或許可以藉著閱讀相關的書籍，或參與相關課程，讓自己對這個領域能有更進一步的了解。但是**實際運用**才是重要關鍵！這就如同「沒有人可以藉由閱讀一本書就學會如何游泳」的道理一樣。

要在企業內發展出僕人式領導是一項十分艱鉅的工作，同時付出的代價也十分可觀。**想要成為一位以僕人精神為本質的企業領導人，你必須具備極強的動機、舉一反三的能力，以及經常的練習**；就如同研究其他學問一樣。要想成為一位優秀的企業領導人，不是一蹴可成的，就如同學習三角函數，或者是要看懂財務報表一樣。只有當我們能把自己的學習經驗、知識，以及體驗，融入到每天的生活中時，潛移默化之下，我們才可能成為一位受人擁戴的領導人。

要想成為一位更優秀的領導人，你必須有意願及動機想要改變現狀，以及追求成長。而為了發展自我的領導技能，你必須要主動找出或接受一些來自其他人的負面回饋，因為唯有如此，你才能更看透自己。你若是想要成為一位技巧更熟練的領導人，就必須願意深入探討需要改變的舊有習慣或行為。如果你想成為更有效率的領導人，就必須有意願打破舊有的習慣，學習新的行為。要打破一些深植已久的舊習是一件相當困難的事，這也就是為什麼你不可能只靠閱讀書籍或參加課程來達成。

多數人都相信，「抽菸會致命」。但對於占全美國總人口百分之二十五的老菸槍而言，這只是一個口號而已。事實上，每天都可能有數以千人因為抽菸而致命，但這些「知道」抽菸會致命的人，仍然繼續抽菸的行為。

所以，在某些特定的議題上，如「抽菸會致命」或「僕人式領導是正確的選擇」，除了理智上的認同之外，還需要有其他更多的動機。

本書的目的

本書有兩個最主要的目的：

第一個目的，就是將僕人式領導以簡單、明確與直接的方式表達，讓所有讀者能夠有更深入的了解。

第二個目的，**本書將充任僕人式領導的入門書籍，或是指引的地圖；同時也佐以簡單的導入流程，讓所有想要在自己的生活或組織內推行僕人式領導的人，都能順利上手。**

本書的第一個目標——明確地定義僕人式領導

有些人可能會對這個目標的價值有所質疑，他們認為我的前一本著作，或坊間的相關書籍中早已對於僕人式領導有了很明確的定義。事實上，我的前一本著作得到的讀者回饋，大多是感謝這本書讓一項十分困難的論題轉換成為一門淺顯易懂的知識。

但是有些理由讓我覺得有必要再一次地對「僕人式領導」進行重新的定義，以及全新的詮釋。

首先，我領悟到有必要為雋永且具成效的僕人式領導提供更多的資訊，以及更進一步的詮釋。雖然這項領導哲學早有了上百年的歷史，但是相關的討論資訊卻是極少。在美國亞馬遜網路書店上搜尋，只有二十八本書談論僕人式領導，其他還在印行的也只有十幾本。而這些已問市的相關書籍又主要是針對教徒發行。

再者，在導入僕人式領導的這條路上，我們必須時時刻刻提醒自己：「這是一條十分正確的路。」想想看，那些年薪超過百萬美元的運動員，每年球隊春訓的時候，他們還是要從基礎的訓練做起。就我個人而言，每一天都是一次全新的體驗，每一天我都會以僕人式領導鞭策自我。而每當我面對群眾進行講演，或者是執筆撰寫文稿時，僕人式領導便會一一浮現在我的腦海。以我個人的經驗來說，對於這一類型的管理哲學，再怎麼熟練也不為過。就我個人設定的目標來看，我還不足以稱得上是一位好的領導人、好的父親、好的球隊教練，或者是好丈夫。但是比起過去的我而言，我已經有相當的成長。我們必須重覆不斷地溫習僕人式領導學的哲理。在追求僕人式領導的路途上，**不斷的提醒遠比教導要來得重要得多！**

第三，《僕人I》這本書問市六年來，在這段期間內，我個人浸淫於僕人式領導的研究，對於這樣的管理哲學，有了更新更深入的體驗以及看法。這一點也促使我決定將自己全新的看法還有體驗，與所有的讀者分享。

最後，撰寫《僕人I》這本寓言式的書時，我處在一個既要言之有物又得具可讀性的雙重壓力之下，而這本書是以商業類書籍的形式寫成，我只要專心於如何清楚闡述這項偉大且雋永的僕人式領導哲理即可。

如果你不想對僕人式領導有更進一步的理解，您可以略過本書的第一章到第五章，而直接進入本書的第六章，從此章到最後應該可以找到應用的內容。

本書的第二個目標——充任實踐僕人式領導的入門書籍

好的理論如果沒有應用的方法，那麼再好的理論也無用。所以在本書中，我試著將討論的重點從僕人式領導哲理轉移到實際應用的方法。

在我個人舉辦的「僕人式領導研討會」中，我都會詢問每一位與會者，看他們對於持續性的改善是否深具信心？多數人面對這樣的問題，都會義無反顧地舉手贊同。在我的家鄉底特律，我也協助不少企業持續進行改善。

接著，我詢問這些與會者，有多少人相信這種持續性的改善也適用於個人時，可以預見的是，這些人一定會再次舉起他們的手，同意我的論調。

最後，我問了一個困難的問題，「從定義來看，你們有可能在完全沒有改變的情形下，就達成持續改善嗎？」

多數的與會者一臉茫然，你看我、我看你，隔了一會兒才搖搖頭。此時，我總是對與會者說這麼一句話：「精神失常的定義就是一直不斷重覆做同樣的事情，卻期待有不同的結果。」（the definition of insanity is continuing to do what you've always done and hoping for different results.）

通常，我會以這樣的一句話做為研討會的結論：如果大家都相信持續的改善有其必要，那麼你們必須或當然都已準備好要有所改變，對吧？

當然，在場所有的與會者都一致表示贊同。

就如同多變的氣候一樣，改變不是口頭上說說就算，而是要真正去執行。當我們要從一個熟悉且自在的環境轉換到一個不熟悉且不自在的環境時，這種改變是困難且需要努力的。

本書想闡釋的一個重點就是，**領導的發展以及性格的發展是同一件事**。要建構一位領導人的性格，其實是一項「說比做還容易」的事。想要打破舊有習性，讓自己轉變成一個全新的人，這也不是一件簡單的任務。這裡讓我重申一次：領導的發展及性格的發展是同一件事。在接下來的章節裡會有更多的相關討論。

在本書中，我將會依自己過去幾年來的輔導經驗，整理出一套完全簡易、單純的三階段改變方式，藉由這套方法，我已經成功協助上千名領導人，有效地在個人的生活方面，以及組織中進行改變。

你確定自己已經準備好接受這樣的改變了嗎？

在各位讀者開始閱讀本書內文之前，請先好好思考下列這些重要的問題：

1. 你真的願意致力於個人的持續性改善，以及成為一位十分有效率的企業領導人嗎？如果你的答案是肯定的，那麼你必須了解及認同，為達到這項目的必須要願意接受改變。

2. 你能處理來自各方的回饋意見，即使是一些充滿情緒性字眼，或是令人十分痛苦的回饋？例如批評你的現行領導風格與理想的領導風格間存在著極大差距。

3. 為了縮短你既有的領導風格及未來希望達成的領導風格間之差距，你是否願意下苦工、冒險，以及承受所有可能的艱難？

如果你對於以上三個問題的回答是否定的，那麼你就沒有繼續研讀本書的必要。如果你對於以上三個問題的回答是肯定的，那麼本書含括的內容，將會提供許多豐富及多樣的資訊，供你參考。

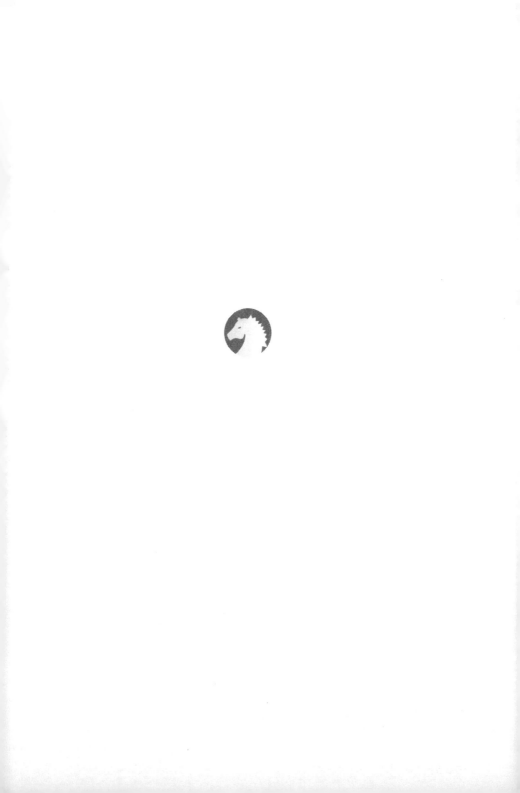

1 領導風格

How to Become a Servant Leader

強將手下無弱兵。

——威廉・葛瑞區將軍（General William Creech）

我在二十五年前踏入職場，從事的工作主要跟員工、勞資關係有關，我負責的區域正好是我的出生地底特律，底特律又稱為「汽車城」（Motor City），是美國勞工運動的發源地，同時也是全美國勞工問題較為嚴重的城市之一。

在將近三十歲時，我離開了一間私人公司，時任人事部長。當時企業最主要的員工問題包含了：工會組織問題、罷工、員工暴力行為、內部破壞、員工士氣低落、對工作不投入、高曠職率，以及高離職率等等。

那時候，我算是一個十分年輕的顧問，對於一下子就要處理這一類問題，其實有點膽怯，尤其是面對那些位高權重的企業執行長，他們一付權勢逼人的樣子，十分傲慢地坐在那昂貴的紅木辦公桌後方，身上的衣著也是光鮮亮麗，有時還吞雲吐霧著。當時的我面對這樣的權威人士，常常緊張得不知所措。

這些企業的領導人，面對我的第一句話往往都是：「小子，我們公司內部的問題可不小啊！」

為了迎合這些客戶，我只能如搗蒜般地點頭附和，但內心卻如同經歷過一場大災難般的恐懼。

「沒錯！」我試著以肯定的語氣回應，並企圖展現一副自信滿滿的樣子：「我們面對了一些十分重要的問題！我覺得貴公司應該從這一方面著手……」

但是，這些企業主往往好像沒聽到我講的話，直接打斷我：「小子，讓我告訴你，我們公司到底哪裡有問題……」接下來就聽到這些企業執行長滔滔不絕講述所謂問題的所在。當然到了最後，他們還會提出自己對於這類問題的解決方案。這些剛愎自用的執行長，總是自認為已經把整個問題的來龍去脈搞得一清二楚了，同時還包括解決方案。這令我不禁懷疑，為什麼他們還邀請我來擔任顧問呢？

「我們的問題就在於那位開堆高機的恰克（Chucky），他是工會裡的麻煩製造者，只要我們可以讓他閉嘴，當下的問題就可以解決，公司裡每一個人都可以安心工作，我們的企業才可以步入正軌。」不論是開堆高機的恰克、負責倉管的諾瑪（Norma Jean），或者是客服部門的比爾（Bill），這些年來，我慢慢地發現，每一間公司都有所謂的「開堆高機的恰克」這樣的人物存在，只要把這號人物解決，似乎公司所有的問題就能迎刃而解（注：這裡所指的恰克、諾瑪以及比爾三人，其實是作者的嘲諷筆法。恰克是「鬼娃」系列電影的主角，而諾瑪是女星瑪麗蓮夢露，至於比爾則是美國前總統比爾・柯林頓。這三個人分別代表破壞、物慾及說謊）。

當時的我果真相信事情就是這樣簡單耶！「無怪乎你能擔任企業的執行長！可以賺這麼多的錢！您的想法真是太明智了！」

所以，當時的我，跑了很多間不同的企業，同時也遵照這一位執行長的方法，**將每一個企業裡「開堆高機的恰克」揪出來**。我甚至還可找出一些證據來佐證自己當時的行為！

但是經過了幾年這樣的做法之後，我慢慢地發現，其實「開堆高機的恰克」並不是問題的癥結。事實上，「開堆高機的恰克」可能是每個組織中唯一肯說真話的員工！當我領悟到這個重點之後，每當我應邀前往出現問題的企業進行了解時，我會特別要求要與這間企業的「開堆高機的恰克」談一談；唯有這樣的方式，我才能真正了解，到底問題的真相是什麼？而這是我無法從企業內高層主管那裡獲知的訊息。因為這群人根本對問題的根源毫無頭緒。

而之後的幾年間，我已經可以百分之九十五地確信，只要我走進一間有問題的企業，進行第一天的第一場會談之後，就可以了解，大多數企業問題的癥結，其實就是企業的執行長本身！

為了能對得起自己的良知，我必須清楚地告訴這些領導人，他們以高薪邀請我過來只是聽他們提出一些企業「生病」的症狀，而不是真正的核心問題。因此，我通常會在企業的高層主管之間進行一場戲，而這場戲的目的就是要讓這個企業的執行長了解，其實他才是整個問題的癥結所在。但是這樣的方式，誠如大家可以預想的，在我這麼做之後，有許多客戶是直接把我轟出門。

我的老婆是一位心理學者，她在處理組織問題方面也有多年的研究經驗。當然，所謂的組織也包括我們的婚姻，還有我們的家庭。任何時候，只要有兩個或兩個以上的人相聚在一起時，組織就已存在了它的功能，而在這樣的組織中，就必須有一位領導人。

我老婆在平常生活中，常常遇到鄰居將他們的小孩帶到我們家裡，向她抱怨：「我的小孩真的是太頑皮了，你一定要幫我好好修理他們！」

當我老婆還是個剛開業的心理醫生時，在她聽過這些家長的抱怨之後，她會欣然接受他們的託付，在家長離開之後，狠狠地修理這些頑皮的小孩。但是不久之後，她也得到了類似的體驗：也就是說，**這些孩子頑皮的原因，可能是來自於個別家庭不同的管理**

方式；**換句話說，就是家庭的領導人出了問題**。因此，之後的情形就演變成，我的老婆反而會讓孩子們去房間裡玩耍，而她則與孩子的雙親進一步研究問題的癥結所在。

另一個足以證明我個人論點的現象，發生在我與我老婆的個別事業上。有兩種客戶會登門尋求我們的協助，一種是組織已經完全失去功能，另一種則是組織內完全沒有任何問題存在。前者已是病入膏肓，務必要從外界尋求進一步的協助，才有可能存活下來；而另一種客戶則是目前的經營十分上軌道，但是他們想要更上一層樓，持續追求現狀的改善，務必要做到他們認為最完美的境界為止。

從這樣不同的客戶群中，我們觀察到無論是一個十分健全的組織與一個完全失效的組織；一個十分健全的婚姻與一個瀕臨破碎的婚姻；一個健全的教會組織與一個瀕臨破碎的教會組織；一個十分健全的家庭與另一個瀕臨破碎的家庭；這些相對的組織中的共通點，就是在於領導人出了問題。我們得到一個結論，可以預見組織的健全以及瀕臨破碎的關鍵，全繫於整個組織的領導人身上。

在十五年前，我個人做了一項決定，我不想只為每一個企業治標；我寧可將所有心力集中在治本上。自從那個時候起，我開始了傳授僕人式領導的生涯。

「事情的成功與失敗，都與領導有關。」
「所有的問題都是從最上層開始的！」
「強將手下無弱兵！」

這些老生常談，是否真的言之有物？

組織中的領導

這麼多年來，接觸過許多企業之後，我深深覺得，太多管理階層的「經理級人士」，總想用最佳方式完成被交辦的事情，同時，也希望能盡量在老闆面前表現出自己最優秀的一面，可是他們卻極少重視自己該如何扮演好一個領導人的這件事。

在美國的首府華盛頓特區，我看到**很多候選政客在分析投票的民意調查以及擬定政策計畫時，大都植基在滿足選民的所欲（want）**，很少人會為選民塑立一個良好的領導典範，**並且提供選民真正所需（need）**。所幸，這種情況在九一一事件之後，似乎有了改變。正如前美國總統杜魯門所言：「如果在埃及也進行選舉的話，那麼，摩西能帶領大家多久呢？」

我也曾看過很多的家長都以自己是孩子們的好朋友自居；他們總是一味地滿足孩子們無止盡的需求，卻無法成為孩子們真正需要的領導典範。對於孩子們而言，他們生命中的領導人，要能提供一個成長的空間，藉由愛、互動與適度的規範，以激勵孩子們努力做到最好。但我卻只看到現在的父母盡全力滿足孩子們在物質方面的要求，但無法提供孩子們在成長過程中最重要的需求。

我也曾經在現今教育機構遇到許多老師，他們只傳遞書本的知識，對於學生一點也不關心，這些教授只關心自己能否順利在一學期上完所有的課程內容，他們根本不會在乎自己是否該擔任領導人的角色，協助學生們發展成熟的性格以追求成功的人生。羅斯福總統（Theodore Roosevelt）曾說過：「教育下一代，如果只是在知識上的傳遞，而不重視心靈發展，只是為這個社會多製造一個麻煩。」我們可以從第二次世界大戰納粹第三帝國採取的高壓統治方式得知，因為同樣的這塊土地，也曾孕育出像尼采、貝多芬、愛因斯坦這樣的偉大人物，以及賓士這樣的傑出企業！

我也曾觀察過很多球隊的教練，他們不計成本、一心只想要贏球，但是卻不太在乎如何引導年輕球員在人格上的發展，如何運用過去偉大球員為榜樣，帶領年輕球員在心智方面能更成熟，就這些方面來看，這些教練幾乎完全忽略了其重要性。

我更看過不少教堂或猶太教會的領導人，他們只專注於如何增加每週上教堂的信徒人數，以及年度預算的編制與花費等等；至於他們的信眾最需要的領導典範反而常被忽略。我也曾看過那些身為教徒心靈寄託的宗教領袖，傳道時講的是教徒們心中想要聽到的內容，對於信徒們該知道的反而都隱而不言。這樣的情形，主要是因為教堂需要信眾們的支持及捐獻。

簡而言之，我看過太多身處於領導地位的人，無法盡到領導部屬的責任。多數的情形下我們可以看到，這些領導人只想選擇可以避免所有麻煩的方法，來做為自己的領導標準。

這些缺乏領導力的人主要是因性格（character）上的不足，這也是我個人一直強調的，領導人的性格主宰了一切。性格可以讓你做出最正確的決定。而領導便是要做出最正確的決定。我們常可聽到這樣的說法：管理者是「把事情做對」，而領導人則是「做對的事情」。

幸運的是，我們可以改變自己的性格。事實上，當領導才能及做對的事已成為我們的「第二天性」（second nature）時，我們的性格自然就成長成熟了。

領導的定義

在我的前一本書《僕人Ⅰ》中，我將領導定義如下：

領導（leadership）：是一種技能，用來影響他人，讓他們全心投入，為達成共同目標奮戰不懈。

這幾年來，在個人的知識及經歷的累積下，我對領導的定義略加修改：

領導（leadership）：是一種技能，用來影響他人，讓他們全心投入，在領導性格的激勵下，為達成共同目標奮戰不懈。

以上兩種定義中，關鍵性的詞彙分別是「技能」（skills）、「影響」（influencing），以及「性格」。關於這些詞彙，我們會在後面的章節分別加以解說。

在我們繼續討論之前，讓我們先看看：什麼是與領導無關的？

領導與管理無關

我在每一次領導課程研討會的開場白都是這樣的：「今天一開始，我會從課程的最初級開始。在這裡，我假設各位都是十分優秀的專業經理人，每一位與會人士都有相當專業的技能，也都能熟練地完成每一件工作，我會給各位在管理技巧上打分數。」

「事實上，各位之所以達到今日的成就與地位，也是因為各位相當精通這些事。但如果各位今日來到這裡上課的主要原因，是想要成為一位更為成功的專業經理人，那麼你們就來錯地方了。這個研討會最主要的目的，是要專注於領導的討論，與管理無關。」

管理，其實就是我們平時所做的事：計畫、預算、整合、問題解決、控管、維持組織正常運作、策略研發等等。管理就是我們的日常行為，而領導則是指我們本身的性格。

我認識不少能力很強的專業經理人，但是當他們必須領導且激勵部屬在工作上力求表現時，他們就顯得十分糟糕。相反的，我也認識一些高效率的領導人，卻不見得是特別精明的管理者。我們可以從邱吉爾、前美國總統羅斯福，或是雷根的身上應驗這樣的說法。

「優秀經理人」的行事風格通常都偏向於「威權式」、「命令—控制」的方式。因為他們誤認為自己要能解決所有問題，並且對所有事務具有掌握能力。現今多數領導訓練課程，其實也只是再多加強一般人的管理能力，但對於強化領導、激勵他人等方面的能力卻毫無幫助。

「知道如何把事做好」，與「激勵別人，讓他們有能力把事做好」的這兩件事幾乎無關。每一位專業經理人都有自己的專長以及解決事情的技能，這也都是他們自己努力發展出來的職能，這些職能有可能讓他們升遷到領導人的地位，但是這樣的技能卻不一定能讓他們成為一位高效率的領導人，因為管理者與領導人所需要的條件不同。

我們該領導的是別人的「大腦」，而不是他們「大腦以下的部分」。領導可以影響別人，讓他們為自己的團隊奉獻心力、創意、才能以及所有一切。領導就是要讓他人為自己的任務盡心盡力，並且努力達到最好的成效。

羅斯・裴洛（Ross Perot）在一九九二投入美國總統的競選活動時，發表了一篇令我難忘的宣言，這裡節錄如下：「身為美國總統並不是要管理人民，如果你想要管理些什麼，你可以去管理自己公司的存貨、你個人的支票簿，或者是多多管理一下你自己！」

你不是管理部屬，而是領導他們。

領導與是不是老闆無關

美國人總是常誤把優秀的商業人士，等同於優秀的領導人。其實，成功的商業人士並不等於成功的領導人。知名的投資專家華倫．巴菲特（Warren Buffett）就有這樣的觀察：「我看到不少偽善的人後來成為成功的商業人士；但這並不是我想見到的情形！」

現今的媒體特別喜歡將一些成功的商業人士偶像化，同時，還在許多雜誌的封面上彰顯他們的光采。企業領導人往往被定義為一位有遠見的人士，他們是策略規劃者、組織的良師，同時也是戰略專家。這些技能也許是相當重要的管理技能，但是，卻與傑出的領導是截然不同的兩回事。

這股過度吹捧領導的風潮，將使得大多數的管理者、父母、教練、牧師或教師在面對頑固且叛逆的Y世代時，更加戒慎恐懼。

請留意本書所指的領導，並不是只有管理者或握有權力的人才需具備，我曾遇過許多企業的一般員工，他們並沒有特殊地位或權力，但是，他們一樣可以影響周遭的人，讓周遭的人能夠盡其所能做好自己的工作。我們可以再一次強調，在對「領導」所下的定義中，最重要的一項就是「能夠永遠影響周遭的人」！

有句俗諺是這麼說的：「真正有效率的團隊，他們的領導人絕不會是一位獨裁專制的人！」甚至有人認為，一個運作完善的組織是不需要領導人的。也許我們可以把這些說法整合一下：一個真正有效率的團隊，團隊裡的每一位成員都是優秀的領導人，每一位成員都會為了團隊的成就盡其所能。曾有人如此說過：「婚姻就是夫妻雙方各付出一半。」我想說這句話的人一定沒有結過婚。美滿的婚姻關係，要求的是夫妻雙方都能百分之百的為這個家庭盡心。團隊裡的每一位成員，都會互相影響，並對團隊有所貢獻。問題是，這貢獻會是什麼？

我在一次搭乘西南航空從底特律至鳳凰城的航程中，有了以下的體認。誠如之前所言，西南航空是一家推行僕人式領導的組織，他們的股票在紐約交易所掛牌上市，股票代號是LUV。而他們最知名的宣傳標語之一就是：「愛，造就了西南！」

由於我居住在底特律，所以當我進行商務旅行時，搭乘西北航空幾乎成了唯一的選擇，因為底特律就是西北航空的轉運站。兩年前一次陰錯陽差的際遇下，我沒有搭上西北航空，此時另一個選擇就是西南航空了。對於這樣的安排，我覺得十分興奮，因為我早就耳聞，西南航空推崇僕人式領導，同時，我對於西南航空空服員的活潑行為（**如躲在機艙裡的行李廂，或是與乘客互相開玩笑等**）也有所期待。我迫不及待想親身體驗西南航空崇尚僕人式領導的說法是否屬實！

在辦理完登機手續後，我拿到了塑膠製的登機證。當我看到登機證上完全沒有劃位，著實有些意外，之後，我突然聽到有人對我喊叫著，「快點往前走啊！」由於不曾經歷過這樣新奇的登機方式，一路上我只是不停地被推擠著，最後，我只能在飛機最後一排的併排座位中找到一個空位。

正當飛機的機艙門關閉、將要起飛之前，一個年輕的男孩跳上了飛機，手裡拿著很多裝滿糖果的盒子，盒子的外型看起來就像是街頭募款常見的那種零錢箱。

此時，整架飛機裡可能還有一、兩個空下來的位置，但是機艙內的儲物櫃早已塞滿了旅客的行李，完全沒有空間可以讓這個年輕人放置他的行李了。我也算是個搭飛機的常客，一般空服員看到這樣的情形時，一定會對旅客這麼說：「請將行李放置在座位下方！我們的儲物櫃已經沒有任何空間了！」

但是，當時的情形卻是：年輕的空服員趨前詢問這位年輕的旅客，需不需要有人協助他販賣這些盒子裡的糖果，而這位年輕的旅客眼睛一亮，馬上就回答：「那真是再好也不過了！」

此時，空服員將年輕人手中的糖果盒接過去，走入了機長的駕駛室，天啊！我從沒有遇過這樣的事情！空服人員居然把乘客的行李放置在駕駛艙裡？這是什麼樣的情形！

當飛機已升高到一定高度時，空服員此時藉著機艙內的廣播系統，向所有乘客宣布開始販售糖果，一條糖果的價格是二美元。空服員在結束廣播前還說，她想要看看誰是第一個拒絕購買糖果的乘客，她將安排這個人坐在十排C座那位喜愛抱怨的乘客旁邊。此時整個機艙裡一片哄笑聲。

當然，這麼一來，盒子裡的糖果在還沒有傳到機艙中間時就銷售一空。空服員還得處理因為沒買到糖果而鬧脾氣的乘客們。其中有一位乘客嚷著要用五美元來買一條糖果，同時還不斷挑釁前面的乘客。而前面的乘客當然拒絕接受這樣的出價。想想看，這種只會發生在eBay網站上的拍賣情節，居然在離地一萬兩千多公尺的高空裡展開！我一點也沒有騙你！當時整個機艙裡都是鬧哄哄的，大家似乎都十分樂於參與這樣的餘興節目！

從這一幕在飛機上演的情節中，我們可以看出，這名空服員雖然在自己的公司裡沒有特殊的地位或權力，但是就她在機艙裡的行為，著實地影響了周遭的人們。藉著這個最後才跳上飛機的男孩，她把整個機艙裡的氣氛帶到最高點！我想當時每一位乘客，永遠也忘不了那個本來拿著一整盒糖果登機的男孩，最後下飛機時手上卻握著厚厚一疊現金的感覺！

這次的經驗著實影響了我對於西南航空的印象。往後，只要我有機會搭乘西南航空的班機，我就可以看到一群人共同的努力，盡其所能地完成工作任務，這樣的任務也包含了影響所有的乘客。有幾次我都看到這一群認真的「領導人」們，他們在整個航程之中，用盡心力帶給乘客一次完美的飛行經驗，而且在整個過程中彼此鼓勵，互相打氣，充分利用幽默感，並熱誠地投入自己的工作中。這是一個很好的例證，所有員工都盡其所能將被交付的任務圓滿達成，同時也盡己所能影響所有乘客對於西南航空的體驗！

所以，排除西南航空常常給人一種怪異、突兀、輕浮的印象之外，我們的確應該認同他們，西南航空即使還稱不上是全世界第一的航空公司，至少可說是美國境內第一名的航空公司。在現今航空運輸業的工會組織複雜、且獲利十分困難的情況下，西南航空卻在這三十年來每一年都有盈餘，其中在二〇〇一年的九一一事件後的三年間也都有獲利，而在這三年間，多數的航空公司都面臨了營運上的重大瓶頸。

或許有些人將西南航空視為航空業的一個異數：不過，想想西南航空的資產市值已達到一百零四億美元！西南航空的資產，已經是全美六大航空公司（美國航空、聯合航空、達美航空、西北航空、大陸航空、全美航空）資產市值總和的四．五倍之多！

如果一家企業可以讓所有的員工都擔負起領導人的責任，同時，也讓所有的員工都了解，自己必須對整個團隊的成敗負責，那麼，這家企業的未來就不可小覷。可惜的是，現今大多數企業都還未擁有如此關鍵的內部資源，所幸，這樣的狀況已經漸漸有所改變。

在這裡，我要再一次強調，雖然你沒有實質權位上的影響力，但是你的行為還是可以影響周遭的每一個人。我們曾工作過的企業組織都一定會留下自己的貢獻。問題只是，我們留下的是什麼貢獻？

我必須澄清一件事，本書探討的部分，主要是針對領導人在組織中的傳統地位，就這些領導人的責任來看，他們必須為企業的成長、發展，以及績效負起完全的責任！

這裡讓我進一步為領導增加一項定義。

領導，是一項沉重的責任

我們可以回想一下，**人的一生在不同階段「簽下」（sign up）的不同領導角色是什麼？專業經理人、配偶、父母、教練、老師、牧師……等等**。

千萬別忘記，當我們「簽下」不同的領導角色時，就等於自願承受一項沉重的責任，人們對領導人的全心託付，常常是一項大賭注，因為我常常可看見領導人是如何忽視自己所擔任的角色。

在這裡我採用的詞彙是「簽下」，正因為我們都是自願擔任領導的角色。我們可以假設，從來沒有人會誘騙我們去結婚，逼迫我們成為別人的父母，或者勉強我們必須工作以養家糊口。我們都是自願扛起這一輩子的責任，完全沒有任何的壓迫或強求，我們可以自由地來，當然也可以自由地離去。最重要的是，我們一旦擔任某個角色，責任就會相對重大，地位也會愈形重要！

試想一下，專業經理人在一個組織中的角色。他的部屬每天要花上八個小時的時間，在這位經理人創造出來的環境裡工作著。每一位員工與經理人相處的時間，遠超過他們與家人相處的時間！

更有甚者，多數員工都已將自己的生涯規劃交付給了這位經理人。試想，這些員工未來的成長以及發展，不就全都受到這位經理人的影響？而他們在與這位經理人長久相處之後，是不是就有可能成為更優秀的員工？這些員工有沒有可能受到這位領導人的啟發，進而願意完成一些正面的事業，同時也順勢成就自我的發展？事實上，領導的最終試煉在於：當員工離開這些領導人時，他們是不是變得更好一些？

試想一下身為父母可能承擔的責任。你的孩子可能未來一生都會與你相處！這是不可逃避的事實。你還能認為當父母不是一項沉重的責任嗎？

再看看那些其他的角色，老師、教練、牧師，甚至猶太牧師等，有沒有任何一個角色足以影響你的一生，不論是正面的，還是負面的？我個人就曾有過這樣的經歷。身為領導人，我們必須時時回想，自己影響他人可能帶來的衝擊是什麼？同時也應該思考，在自己得到他人的信任後，肩膀上的責任是不是又多了不少？

身為老闆的我們，必須了解我們的作為將如何影響員工的生活。如果你曾遇過那種惡形惡狀的老闆，你就一定可以了解這句話的用意是什麼了。馬克斯．迪伯瑞（Max De Pree）在他的著作《領導者的真正課題》（*Leadership Is an Art*）中曾經這麼說：「領導人……有時真的會把別人的生活都搞砸！」

我想這就是僕人式領導的原由。在承擔了這樣沉重的責任之後，我們必須常常自省；同時也應該確認，自己的行為以及所做的決策，將會影響到別人的生活！我發現一個事實，當所有領導人了解自身承擔的重大責任後，必須要有自省的能力。因為這將是影響企業成長以及變革的首要關鍵因素。

多年前，我的一位朋友跟我說，成為一名專責照顧教友的牧師（ordained pastor）是一項至高無上的榮耀。當時我十分同意他的說法，而且我認為，成為管理者也是一項無比的榮耀。試想看看，一位管理者每天的行為，不論是正面還是負面，都有可能影響到他周遭員工的行為。籃球界的傳奇教練約翰．伍登（John Wooden）曾這樣說過：「領導人……對於他領導的部屬而言，有著十分深遠的影響力，這樣的影響力，甚至比家庭對這個人的影響力還要大……所以我視領導人是一項十分神聖的工作！」

領導，是一項技能

領導能力，是天生的，還是後天造就的？

這是一個亙古以來就存在的問題。

「我的祖父是個十分差勁的管理者，所以我也就成了一個差勁的管理者。」或者是「我母親是一個可憐的妻子及母親，所以我也是一個可憐的妻子與母親。在我的體內完全沒有任何領導人的基因存在。」

領導能力真的是遺傳的嗎？一個人是否具備領導能力，真的僅依賴一個人的遺傳組成中是否擁有這樣的染色體嗎？

管理學巨擘彼得．杜拉克（Peter Drucker）曾提出自己的想法，他認為的確有一些

人天生就具備成為領導人的特質，但這樣的情況只是少數而已。「領導還是一種必須經過學習的過程！」

領導大師華倫．班尼斯（Warren Bennis）也曾說過：「最可怕的迷思，就是認為領導人都是自然天成的，也就是說，領導人的骨子裡都有其特殊的遺傳因子存在。這個迷思似乎在推論，每個人體內都存在著特定的美德，或是一點也沒有。」這是一種無稽之談。事實上，這種說法跟事實正好相反。領導人，大多是後天的造就，只有極少數是天生的。

不論是天生領袖，或是後天造就的領導人，真正的重點是，如果我們相信領導是在一個人出生時就已決定好的，那麼，我們就沒有必要為它擔負這麼多的責任了。我們只要把所有的過錯都推到祖先的身上就好。而一旦我們接受領導其實是一種技能，我們就可以從此覺醒；要不然我們在這裡要求自我發展的能力，又有什麼用處？

在二十五年前，我還不是很確認領導其實就是一種技能。當時的我相信，有效率的領導是由人的基因，配合上後天環境因素，以及強而有力的個性，再加上優秀的後天教育薰陶所形成的特質。十幾年前，在看過一些人經由學習及應用而獲得領導技能後，我逐漸被說服，相信領導真的是一種技能。時至今日，在看到數以百計的經理人能不斷成長，並成為有效率的領導人，這讓我更加堅信，領導就是一種技能，也就是說，領導是一種可以習得、同時也可以獲得的能力。事實上，我深信大多數人都可以在經過一定過程的訓練及學習之後，獲得領導技能。

再者，絕大多數人都必須在自己的人生中擔負起傳統的領導角色，如父母、配偶、經理、教練、老師等等，我很難相信上帝僅讓少數人天生擁有這項基本必備技能。

吉姆．柯林斯（**Jim Collins**）的暢銷鉅作《從A到A+》（*Good to Great*）也曾探討那些在最頂尖的企業中表現優異的領導人，吉姆把他們都歸類為「第五級」的領導人。吉姆是這樣描述的：「我深信第五級的領導人就存在我們身邊，只要我們知道自己追求的是什麼，事實上，很多人都擁有成為第五級領導人的潛力。」

我深信，世界上有些人無法成為有效率的領導人，但我同時也相信，這樣的比例應該不到百分之十吧！在這麼少數的人之中，可能有些人是因為個性或心智上有所缺陷，或一些情緒上的窒礙，而使他們無法和其他人發展或維持健全的人際關係。

如果將這些心理或是情緒有窒礙的人們排除不計，我相信對大多數的人而言，領導這項技能是可以經由學習而獲得的。

多年前當僕人式領導在商業圈還未引起風潮時，知名的管理顧問、教授以及作家羅勃．葛林里夫（Robert Greenleaf）就已發表過不少相關著作。葛林里夫肯定僕人式領導的潛力，當時他是這樣描述的：「許多中學的教師，或是大學的教授，不僅能以極大的包容對待學生，而且還能幫助培養學生的領導潛能。因此，我相信絕大多數的年輕人或多或少都具有領導才能。」

我個人對於技能的定義是，「技能是一種可以學習的，或是可以獲得的能力。」如果領導是一種技能，那麼技能的定義就暗示，領導是每一個人都可以獲得的能力。要在一個人的身上發展出領導技能，就如同在一個人的身上發展其他的技能，如投籃、彈鋼琴、打高爾夫，或者是駕駛飛機等等。雖然不是每一個人在投籃時都能像麥可．喬丹（Michael Jordan）一樣厲害，彈鋼琴可以像新世紀鋼琴大師喬治．溫斯頓（George Winston）一樣優美，高爾夫可以打得像是老虎伍茲（Tiger Woods）一樣好，或是開飛機可以開得像恰克．伊格（Chuck Yeager）一樣出神入化。但是，多數人還是可以在技能的培養以及發展下，使自己的投籃、彈鋼琴、打高爾夫、或駕駛飛機等技能更臻熟練。當然，這需要極大的動力、充分的練習，以及紀律等等。只要在事前準備充分、結合學習的渴望、適當的輔助工具，以及正確的行動，相信不論是學習哪一個領域的技能，都一定會有明顯的進步。

同樣的，發展領導技能，並不表示我們就能立刻成為通用汽車（General Motors）的領導人，或者是成為美國的領袖，但是卻能使每個人成為他（她）能力所及範圍內的最佳領導人。

我們過去的選擇將決定我們今日是何種領導人，甚至，也影響我們在未來將成為何種領導人。但這並不是絕對的，我們可以選擇發展領導技能；我們可以選擇進一步地發展個人的性格；當然，我們也可以選擇，讓自己在未來成為一位不一樣的成功人士。

說，一回事；做，另一回事

今日，我所遇過的許多企業的決策者，總是在口頭上說自己相信領導就是一種技能，但是觀察他們的行為時卻發現，他們並不是真正地相信。

從這些證據裡，我們可以很明確地看出，全美國各大企業中，有不少經理在晉升到目前位置的同時，並沒有足夠甚至完全沒有適當的訓練，懂得如何有效領導企業最有價值的資產，也就是他的員工。在大多數狀況下，一個人獲得升遷的原因在於，「他很有數字的概念！」或是「他是一位優秀的鬥士！」「他自從來到公司後，就十分忠誠！」這樣的升遷理由比比皆是。我們把公司最頂尖的業務人員調升成為業務經理，在此同時，我們不但失去了公司的頂尖業務，同時也得到了一位蹩腳的經理！

許多與我接觸過的企業執行長都對我強調，員工就是他們最重要的資產。如果這真的是事實，他們還會升遷那些只是「有數字概念」，或是「忠誠」的員工，來領導他們最重要的資產嗎？我想應該不會。但是，這卻是現今一般企業升遷的原則。企業大多先升遷員工到管理層級，然後，再送他們參加「管理技巧」的一日訓練課程，認為只要在這樣的安排之下，朽木也可以成舟！由最近的研究調查顯示，這種「見樹不見林」式的訓練課程，對於領導人的表現，只會有負面的影響而已。

讓我們再一次強調，一旦我們確認「領導是一種技能」，我們就負有責任，必須要發展這項技能。如果我們是企業的決策者，我們就擔負了這樣的責任，甚至是義務，要讓企業最重要的資產可以得到最適當的照顧。同時，也要確認所有管理層級的人士都具備適當的技能，讓他們身處領導人的位置上時，能成功地盡其所能、領導部屬。

領導是一種影響力

《一分鐘經理》（*The One Minute Manager*）的作者肯．布蘭查（Ken Blanchard）曾這麼說過：「領導是什麼？領導是一種影響的過程。」

領導就是影響人們願意甚至熱誠奉獻自己的心力、創造力，以及其他可能影響到彼此間共同目標的資源；領導，就是要讓人們願意對團體的使命具有責任感；領導，就是要讓人們可以盡其所能。依照這樣的定義，領導與管理完全不同。領導與影響力才有密切的關係。

過去，只要你能懂得最新穎的科技，或者你是一位極佳的管理人才，那麼，你在職場上就能稱霸天下。但是，現在一切都不同了。現在，你常可看到，不少財星五百大企業執行長於不同的產業間游走，以ＩＢＭ的執行長路．葛斯納（Lou Gerstner）來說，之前，他曾在食品業裡的納貝斯克（Nabisco）任職；漢堡王（Burger King）的執行長過去是西北航空的掌舵者；而家得寶（Home Depot）的執行長過去則是奇異公司電力系統事業群的總經理。事實上，今日多數的企業早以採用「依性格聘任人才，入門之後才訓練其技能」的模式了。

領導人其實就等於管弦樂團的指揮，我們可以指導你一些相關的樂理，同時也可以教導你如何演奏樂器。但是要什麼樣的人才，才可以將數種不同的樂器，以及一群不同的演奏人員聚在一起加以整合，使得整個演奏的樂章達到十分和諧的境地？誰又能讓每一位樂團成員用心地演奏？誰能將這樣的技能導入整個管弦樂團中？

這裡讓我提出一個經由領導所展現的影響。最近才卸下西南航空執行長一職的赫伯．凱勒赫（Herb Kelleher）在他任職期間，曾對所有員工寄出一份備忘錄，內容是關於某一季的營運狀況不佳，可能當季公司不會賺錢。在那一篇備忘錄中，他希望全公司每一位員工每天可以節省下五美元：不論你是機長、空服人員，或地勤人員，每一位員工都有這個義務，每天都要省下五美元。最後他在備忘錄的結尾屬名「愛你們的（LUV），赫伯」。

結果，西南航空在那一季，將營運成本降低了百分之五．六，這樣的成果足以讓西南航空當季的財務報表上的數字由負轉正，當季的營運也轉虧為盈。

這就是所謂的領導。只要領導人一開口，每一位員工都會用心聆聽，用腦做事。試想看看，有多少的企業執行長，可以做到要求所有員工每天省下五美元這件事？你幾乎可以想像這樣的畫面，這些員工將這封備忘錄揉成一團，一邊大罵「這是多可笑的事啊！」然後把廢紙投向垃圾桶或地上。

著有許多關於「領導」這項題材的作者約翰．麥斯威爾（John Maxwell），他個人對於領導的總結如下：「領導，最重要的是能夠不多不少、不偏不倚地影響周遭的人們！」

領導，其實就是性格的展現

生活，其實就是每天面對一連串不同的選擇。每一天，你和我都會做出上百個不同的抉擇。心理學者曾經統計，一個人每天平均做出的決策，可以達到一萬五千個之多！

這裡我要討論的，並不是今天出門要穿什麼顏色的鞋子，或是要穿什麼樣式的內衣褲，也不是中午要去哪裡用餐。我提到的抉擇，是指我們如何與周遭的人互動，是一種性格上的選擇。

如你所知，這樣的選擇就如同在某些情形下，應該保持耐性，還是要發飆？應該仁慈一點，還是要表現得更無情？是自我膨脹、吹噓、剛愎自用，或者是謙恭一些？要表現得溫文有禮，還是完全沒有敬意？無私忘我，還是自私成性？寬以待人，還是冷酷無情？誠實，還是不誠實？全心投入，還是自掃門前雪？

還記得帕夫洛夫（Pavlov，俄國生理學家，是「制約反射」的開山鼻祖）對於狗兒的「刺激—反應」實驗嗎？我們每天面對的就是，刺激，以及對此刺激做出反應的世界。如果我們想要成為一位有效率的領導人，或是一位傑出的人物，對於這個充滿選擇的世界就應該要多加掌握。

然而，在這個世界上，我們每天要面對的刺激真是不勝枚舉！帳單、老闆、退休計畫、健康保險的問題、子女未來的就學計畫，以及圍繞在身邊一些粗俗又讓人不能忍受的人們，像這樣的選擇充斥在日常生活中。當然我們有權力在面對這麼多不同的刺激之下，適時做出回應。越戰時，有人在越南失去了一隻手臂，還有一隻腳；當他回到美國的時候，又因為海洛英而失去了人生。相對的，另一位戰友，也在越南失去了一隻手臂，還有一隻腳；卻在回國之後，努力當上了喬治亞州的參議員。這就是在同樣的刺激之下，卻可以讓我們看到兩種不同反應的例子！

事實上，隨著年齡增長，我更為深信：人生，並不是指發生在我們身上的事情而已，而是我們對這些事情的回應。

介於刺激與回應之間的，就是所謂的性格，性格其實是一個人在不計個人利益只求做對事情上的道德成熟度，以及投入程度。性格主要是指根據個人價值及原則而產生對於刺激的回應意願，而不是根據欲望、緊迫的程度，或者是衝動之下的行事而採取行動。畢竟人類與動物之間還是有所不同的！

請記住，領導就是行動中的性格，而領導的發展其實與性格發展是同一回事。性格就是要做正確的事，而領導也是要把事情做好！本書的第六章會專門討論性格，以及我們應如何建構性格的方法。

終極測試

對於領導人在績效上的終極測試就是，當你的部屬在離開你的部門之後的表現，會比他們還沒有加入你的部門之前表現得更好嗎？

你的孩子將能成為一位優秀的人物嗎？對父母孝順、兄友弟恭，甚至有能力可以領導別人行事、服務他人？你的部屬能更具競爭力、成為更優秀的人，而這完全是得自你的領導與影響？就如同一位智者所言：「領導人的天職，就是要訓練出更多的領導人！」

羅勃・葛林里夫在一九七〇年代的著作：《僕人領袖》（*The Servant as Leader*）中就曾這樣說過：「這些人有可能會成為好人嗎？在他們被服侍之後，有可能成為更健康、更聰明、更自由，或更自律的人嗎？或者他們自己也成為了僕人？」

請記住，領導人總是會留下他的影響。問題在於，留下的影響是什麼？他領導的部屬，是變得較為聰明？還是更為愚蠢？

前聯合訊號（Allied Signal）企業執行長，同時也是暢銷書《執行力》（*Execution: The Discipline of Getting Things Done*）的共同作者，賴利・包熙迪（Larry Bossidy）是這樣形容的：「當你退休之後，你不可能還會回想起，在一九九四年的第一季，或者是第三季裡你曾做過什麼事。你能記住的是，你如何協助部屬發展出他們的潛能。同時，因為你對於員工發展的投入以及興趣，有多少員工因此擁有更好的生涯規劃……當你對於自己應該成為一位什麼樣的領導人，心中有所疑惑時，不妨想想你的部屬又會怎麼做。那麼，你就可以得到你想要的答案了。」

僕人式領導，只適用於弱者嗎？

在我的經歷中，我看過許多的領導人，他們之所以會排斥僕人式領導，是因為他們**認為這樣的管理方式是一種不果斷、混沌及消極的領導**，許多懷疑論者甚至還把僕人式領導想像成會將公司的管理金字塔整個倒轉過來，同時也等於「把囚犯從監牢裡釋放出來！」一樣的危險。

僕人式領導絕不會造成這樣的結果。

僕人式領導在某些方面可以十分尊崇「金字塔」式的管理哲學，當然也可以變得十分獨裁（autocratic）。這些方面包括了使命（企業未來的方向是什麼？）、價值（在人生中的行事最高原則是什麼？）、標準（如何定義及評估員工的優異表現？）以及責任感（如果在表現方面有所缺陷時，相對的處理方式是什麼？）就我所知，一些十分成功的僕人式領導人，在面對這些方面的議題時，還是會表現出十分獨裁的一面。

僕人式領導並不同意領導人為了界定企業使命、最高行事原則、標準的設立，以及責任感而放棄自己的領導責任。身為僕人式領導人，行事時絕不會召開委員會、舉行相關會議，進行民主式的投票來決定這些問題的答案，因為大家都希望領導人能為他們指出方向。

但是，只要公司營運的方向確立，就應該將公司的管理架構翻轉過來，同時盡全力協助員工盡其所能！此時，所謂的領導就成了一種辨識以及滿足員工需求，使得員工可以盡其所能，進而更有效率完成工作使命的責任。

2 威權以及威信

How to Become a Servant Leader

強制性威權的結果，往往適得其反。

——羅勃．葛林里夫（Robert Greenleaf）

班傑明・富蘭克林（Benjamin Franklin）曾說過：「人生在世只有兩件事非做不可，一件是死亡，另一件是繳稅！」

富蘭克林先生，這不是事實！

在現今美國，仍有一群人隱居在美國西北方靠近太平洋的森林裡，他們不曾使用過金錢！更別提要納稅。如果一個人根本不必使用金錢，或不知道要如何使用金錢，又如何要求他納稅呢？

所以，一個人一生中一定會遇到的兩件事，就是死亡以及選擇（choice），丹麥哲學家索倫・科克嘉德（Søren Kierkegaard）指出，即使不做選擇，這也是一種選擇！

每一個人在生活、領導，以及性格上的優劣，都是藉由我們每天生活中的選擇所決定。當我們決定簽下領導人的角色時，我們便做出了第一個選擇。一旦身為領導人，我們馬上面臨的便是另一個選擇：「我的領導風格應該是建立在威權（power），亦或威信（authority）之上？」

多數傳統的領導角色都以威權為主。只有少數領導人，會在威權的管理風格之外，也建立一些威信，藉由這樣的組合，得到眾人的信任。

威權與威信之間，到底有何不同之處？

威權的定義

如果你曾選修過社會學，那麼，你一定熟悉馬克斯．韋伯（Max Weber）這位社會學巨擘的大名，大約在一百多年前，韋伯寫了一部鉅著《社會經濟組織理論》（*The Theory of Social and Economic Organizations*），在其中，韋伯清楚解釋了威權和威信之間的差異，他的解釋迄今仍然廣受肯定以及採用。

「威權就是一種因為自己身分或勢力而罔顧他人的意願，強迫他人依照你的意願行事的能力。」若是以簡單的一句話來說明，韋伯的定義就是：「你要不做，就沒有別的選擇！」只要我握有權力可以責罵你、打你一頓、開除你，我就可以強迫你依照我的意願行事！

正如一位我十分欣賞的刻薄經理人的口頭禪一般：「在這世界上，只要你有了權力，你就有了一切！」

威信的定義

就某方面而言，威信與威權有著相當程度的不同。威信是一種技能，讓你能運用個人影響力，讓別人心甘情願照著你的決心行事。以一句簡單的話來闡明韋伯關於威信的定義，那就是：「我願意為你而努力！」

我們可以從另一個角度來觀察威權與威信之間的差異。威權是買賣，能夠得到，也會失去。就因為你是我的妹婿，所以，我可以將你安插在公司裡擔任副總裁的職位；如果你誕生在非富即貴的家庭，你就有可能成為一位可愛的小公主；一旦繼承了這麼一大筆遺產，你就成了公司裡最大的股東了。我們從歷史的演進就可以看到很多不明就裡的威權繼承者，如沙皇，或是一些經理人等等。

但是威信就不同了。威信無法買賣，不可能被給予，當然也無法被取回。威信與你個人有關，是「你」影響了我，是「你」啟發了我。威信與你的性格有關，是你對別人自然產生的影響力。

本書闡述的領導理念，完全建立在威信之上。為了深究這個主題，讓我們對於威權做更進一步的探討以及研究。

威權與關係

一點也沒錯：威權可以把事情做好！

如果我要兒子快點去倒垃圾，或是要求員工撰寫一篇報告，我只要跟他們提及，如果不照著我的話去做，那麼就拿不到零用錢，或者領不到薪水；通常在這樣的要求下，事情都會做得很好。**威權就是有它的功效存在，藉由威權，很多事情可以如願完成。但同時，威權也存在著很大的隱憂。**

最大的隱憂在於，**威權對於關係，有著極大的破壞力。**

如果你以威權的方式對待你的孩子或是另一半，經過一段時間，你就可以看到一些叛逆的行為發生。我的老婆在她從事心理諮商師的工作中，有大半的時間都是要處理這種叛逆的行為。

如果你以威權的方式領導你的員工，過不了多久，你就會發現公司內部出現一些不良的行為。在我個人的諮商顧問工作經驗中，有大半的時間也是在處理組織中類似的行為，其中包括罷工、暴力行為、破壞、工會的幕後操控、離職率過高、曠職、對於工作產生較低的投入感，或者是較消極的工作態度等等，這些情形一旦開始，就極有可能在整個組織內快速蔓延。

美國軍方在很久以前就察覺了這方面的隱憂。在新兵入伍訓練營裡，接受教官的威權訓練，但這只限於在那段新訓期間的六到八週而已。之後，就會將所有的新兵分發到連隊或者是排隊之中，同時指派一位領導人，可能是排長，或者是連長。為什麼他們要這樣做？最主要的原因就在於威權對於關係有著極大的破壞力。

關係與商業行為

不管你們相不相信，曾有人這麼對我說過：「我們公司是汽車零組件的供應商，我看不出為什麼不好的關係對我的公司會有破壞力？」

不論你的企業提供的產品或服務是什麼，企業就是身處於一個關係網絡之中。你能了解其中的邏輯了嗎？這是我花費了二十年的時間才思考出來的，所有商業行為其實都由一連串的關係串連起來。如果沒有人的存在，就不可能會有商業行為。

在我舉辦的領導研討會裡，都會這樣詢問所有參與者：「你的企業為何存在？」最常聽到的回答就是：「為了創造利潤！」顯然大家對於這個觀點十分認同，有時在場聽眾還會異口同聲這樣回答。

這時候，我會大聲敲著桌子，同時發出十分刺耳的噪音，如此回答：「不！這絕不是你們組織存在的原因！但是，我還是要謝謝你們的答案！」

接下來，我會對組織之所以存在的原因進行解答，「**組織之所以存在，最主要在於組織可以滿足個人所需（need）**。」如果你的組織無法滿足這些需求，或是你的競爭對手可以比你更能滿足這些需求時，那麼，你的組織就不可能存在。利潤只是一個健全組織的組成條件之一，但並不是組織得以存在的主要原因。就如同人類需要氧氣（利潤）才得以存活，但是氧氣並不是我們存在的原因。

健全的組織是由健全的關係組成：這些關係存在於客戶、員工、企業主（納稅人或股東）、供應商、出貨商之間，甚至是族群關係、工會關係，政府關係等等。唯有健全的關係才會有經營良好的企業；沒有健全的關係，就不會有經營良好的企業。

然而，要如何才能與這些團體建立健全的關係呢？最主要的方式就是要辨識以及滿足他們的所需。**服務他們，不是滿足他們所欲，或變成他們的奴隸**；而是提供能滿足對方需求的服務，以追求彼此的長期利益。

就過去三十年來的研究發現，威權的管理方式只可能升高惡劣的負面行為，如欺騙行為、敵對關係、較低的信任感、裙帶關係、政治手腕等等，以及其他許多不健全且可能影響彼此關係，並連帶破壞整個組織的行為。「命令－控制」的領導風格只能創造出恐懼，同時對於信任也有威脅，當然也可能危及未來的關係，以及成長。

新的世紀，威權領導風格是完全無法與優質、高速、創新的企業文化相抗衡的；威權領導風格只會將整個組織的「精神」（spirit）完完全全消耗殆盡。

陳腐的成規

我曾到過世界各地，以宣導僕人式領導的原理，在這個過程中，大多數聽眾對僕人式領導的內涵及原則都極有興趣。事實上，僕人式領導的原理不證自明。因此，在這過程中，困難的不是讓所有參與者對新的事物感興趣，而是要如何讓他們願意屏棄從過去一直被運用的成規舊範。

在前一本書《僕人I》中，其中有一整章都在討論「成規」（paradigms）這個概念，以及成規對於我們的影響。當我們在探討和領導相關的課題時，一般人還是墨守舊有成規，或舊有的管理模式。這些成規或許曾經是十分有效的管理模式，但是，面對現今這個瞬息萬變的商業環境，這些成規可能已經不再是良好的典範了。

舊式「命令─控制」的權威式管理已存在這世界達數千年之久，即使至今也還存在著。古埃及時期，金字塔的建造就是憑恃這樣的威權才得以完成；自此之後，這種型態的領導就被世界上大多數組織採用。我常常懷疑，金字塔的建立，是不是就為了標榜這種金字塔式的管理模式？

在第二次世界大戰勝利之後，不少美國企業認為，軍隊中金字塔管理模式是管理任何型態組織的最佳模式，因此，不少企業組織便開始沿用這樣的管理哲學。在一個家庭中，父親的角色在金字塔的最頂端，而母親以及小孩的角色則是在金字塔的底端。值得慶幸的是，這樣的模式在幾十年的演變下已有些許的改變。在教堂中，教宗的角色在金字塔的最頂端，而樞機主教、主教、神父以及信徒的角色，則是依序排列在金字塔的階層中。在企業組織中，執行長的角色在金字塔最頂端，繼而是副總裁、經理、組長，最底層則是我們現今所稱的「夥伴或同事」。

我們可以確認的是，在第二次世界大戰之後，全球的確起了很大的變化；在世界大戰方結束時，不少歐洲及亞洲地區在炮火的轟擊下遭受重挫，使得美國在各項產品還有服務上，取得了一些競爭優勢。美國掌控了全球主要市場，而且幾乎是沒有任何競爭對手，在這種情況下，美國企業界能出錯的可能性非常低。

在戰後的幾十年間，威權式管理在商業競爭環境中嶄露頭角。當時最常見的管理模式就是「我不需要你懂得思考！我只要你照著我的指示行事！」（這就代表著：「我不需要你的腦袋！」）「當我需要你提出意見時，我才會給你這樣的機會！」此時管理學裡的「蕈類管理」（Mushroom Theory of Management）盛行一時，此理論的座右銘就是：「你只要把員工安置在陰暗處，定時給予肥料，就可以得到成果。」不少經理人還可以聯想到著名的電影《愛的故事》（*Love Story*）裡的情節：只要你一天是老闆，你就永遠不用對員工說抱歉。

在職場工作的人們往往被視為是「幫手」（hired hands），亨利・福特（Henry Ford）對於這個成規做了總結：「為什麼我只是單純想要一位幫手，可是到頭來卻總是找到一個能獨立思考的人呢？」

就金字塔式的企業文化來看，企業慣性就是要讓高高在上的老闆可以變得快樂一點，同時也能得到他們想要的。前奇異總裁傑克．威爾許（Jack Welch）直言不諱地表示：「當所有員工都戰戰兢兢取悅老闆的同時，他們也將失去所有顧客。」

在金字塔式的企業文化中，員工們獲得升職的原因，在於個人的技能、專業技術，或只因為他是一位「認真的員工」，就可以獲得升職的機會。甚至在這樣的企業文化沿襲下，每位員工都將晉升到自己不能勝任的階層。這就是最著名的「彼得原理」（Peter Principle，**在層級組織裡，每位員工都將晉升到自己不能勝任的階層**）。彼得原理的假設是，只要一個人具備良好的技術，或是他可以把事情處理得十分完美，那麼他就可以藉著指導的方式，讓別的員工也同樣可以把事情處理得十分完美。

這是多麼可笑的假設啊！一個人可以把事情處理得十分完美，這並不代表他或她就可以影響或是啟發周遭的人，讓其他人也可以把事情處理得十分完美。這其中的落差需要一種完全新穎的想法，或者是一套完全嶄新的技能才能填補。愛因斯坦曾說過：「過去的成功模式，並不能保證在未來遇到新的挑戰時，也能暢行無阻！」

如果將任務導向、具備技能或專業技術的員工晉升到管理階層，將有可能面臨另一種類型的障礙。對於這一類型的員工而言，只要當天的工作完成之後，或是該做的工作都已被完成，他們就覺得很滿足了。

一旦身處管理階層的職位，對於個人在成就上的度量標準就應有所變動。每天與員工之間相處所花費的精力、在人情戶頭（emotional bank accounts）裡存入的人際關係、對員工指導時付出的心力，或是在員工能夠有所成長之前，完全沒有任何成果的幾週、幾個月，甚至是幾年之內。這樣的情形，對照過去他們往往可以得到最直接的讚揚，或是每天可以看得到可計量的結果來說，完全是兩碼子事。因此，這些人的處理方式，往往就是他們認為最有效的行事風格，「照著我的方式去做，還要立刻完成！」

當一位農夫在十一月播完種，事後，將種子不能發芽結果的原因歸咎於雪下得太早，水果才不能成熟的這種做法，我們通常會加以嘲笑。而在企業中，如果有正確的領導，是不可能發生為了要求結果而有臨時抱佛腳的行為存在。**領導必須具備的是有面對遲來掌聲的耐心**，以及能信任一分耕耘、一分收穫的道理，並且相信只要盡力就能獲致成果。領導人必須要能忍受成功前的試煉，或成功的榮耀是屬於別人的。這樣的試煉對於那些以工作成就為前題，且立刻要見到成果的經理人來說，算是很難以接受的一種歷練。

只要將這種想法謹記在心，那麼，對於這個世界上為什麼充斥著許多不能適任的老闆的情況，就自然能了然於心。

慘了！這個世界已經不同了

在亞洲，有這麼一句俗諺：「如果上帝要亡我們，祂會先送給我們四十年的好運！」

近幾十年來，美國企業在國內以及國際之間的成就，是眾人皆知的。這代表著金字塔管理模式一定扮演了十分成功的角色！在這樣的領導模式下，管理不可能發生任何錯誤！

但是，整個世界已經有所改變！過去一些在二次大戰中慘遭擊敗、或遭到大肆破壞的國家，在歷經了重建之後，轉而開始挑戰美國在國際市場上的地位。短時間內，德國、日本、韓國，以及其他擁有競爭優勢的國家，在強勢的效率、品質，以及服務的改進下，在商業市場上給予美國當頭棒喝。以日本的管理模式而言，團隊的概念、品質優先的原則、改善（kaizan）、看板管理（kanban，是豐田風格的「後拉式生產制度」中，用以管理材料流程與生產的一種工具）、及時管理模式（just-in-time），以及其他不同的管理模式，讓我們充分了解到，一個員工的大腦是多麼重要！威權式的管理模式已不敷使用了。

所幸在一九七〇年代之後，不少美國企業開始有所領悟，並加以改變。

但是，仍有不少企業還沒有覺悟。

威權的代價是昂貴的

世界持續在改變中。

今日的環境，如果企業聘雇的是以威權為行事風格的經理人，就有可能必須付出十分昂貴的代價。

這就是為什麼在歐普拉（Oprah）的節目中曾介紹過「十二個階段的自我修練」（12-step program），主要是為了保護自我內心容易受傷的部分，並且要懂得為自己的權益而戰！這就是為什麼在今日一般人解決事情會訴諸法律，而不會使用武力。

就今日的美國而言，員工訴訟是爆炸性的話題，這包括辦公室的騷擾事件、誹謗、攻訐、情緒壓抑的蓄意迫害、歧視，以及不人道且惡劣的工作環境等等。事實上，在美國各地普遍都認同，在情緒壓抑的蓄意迫害方面，最常見的法律訴訟就是歧視以及騷擾事件。情緒壓抑的蓄意迫害所蘊含的原意在於，某些行為已經形同故意或具有侵犯性，且超過一般可以接受的行為標準之後，所導致情緒上的壓抑。一些缺乏自我行為能力規範的經理人，甚至還可能涉入個人法律訴訟中。

根據「陪審團判決研究」（Jury Verdict Research）機構指出，員工訴訟案件獲得損失賠償的平均值，約是十五萬美元。其中損失賠償的費用不包括律師費用；同時，訴訟事件若是敗訴，被告以及被告辨護律師的費用也會加在原告的身上。由一般的法律案件算起來，被告以及原告一方的律師費用各為五萬至八萬美元之間。但是損害賠償（compensatory damages）還不包括在懲罰性賠償中，損害賠償有可能會是一筆天文數字！

如果經由具有同情心的陪審團判定，被告具有「侵略性的行為」，同時再加上整個訴訟案件中牽涉到的可觀費用，不論是對被告的經理人而言，或者就整個企業來看，都將會是一次次艱辛的考驗。

威權的運用

也許很多人認為我是完全反威權的人士。在這裡我必須強調，**有些時候，領導人還是必須適度運用「威權」**。

在一個家庭中，我們必須宣揚「學習之路乃是通往教育的大門」的理念。在企業中，還是會有機會必須對員工說，「你明天開始不必上班！」。

當然，某些領導人必須同時扮演著「威權行使者」的角色。事實上，有時候威權的行使可以符合個人及企業的合理需求。但是，當我必須行使威權時，就會讓我厭惡自己身為領導人。為什麼呢？因為這讓我覺得，我個人的威信已經完全破產，所以不得不藉助威權才能行事。

一九八九年一月，喬治．布希（George Bush）在美國建國二百週年的總統就職典禮上，對於威權的使用有著這樣的談話：「天父……在我們心中留下這一番話『運用威權來協助人民！』我們擁有威權，並不是為了私人的目的；也不是為了出人頭地；或是為了個人名聲。威權的使用只在一種情況下，就是『協助人民』！求上帝幫助我們牢記在心吧！天父，阿門！」

威信以及影響力

威信被定義成一種可以運用本身的影響力，讓其他人心甘情願照著你的決心行事的技能。藉由威權凌駕人們是一回事；讓人們依循威信又是另一回事。

我的母親可以要求我做任何事，我當然不會另作他想。但我可以告訴你，我的母親是個完全沒有威權的人；調皮一點的說法是，我可以跑得比她還要快，她也拿我沒轍。但是，母親對我而言，卻是一位深具威信的人，我願意為她做任何事！她的威信又是從何而來的呢？她參加過任何關於領導訓練課程嗎？她有閱讀過任何最新的管理書籍嗎？

我只知道母親願意為她的子女犧牲奉獻。

二十五年前，我的第一個老闆是一位相當頑強的人。至今我還常常做惡夢，夢到他對我怒吼：「你提交的這份報告實在太低劣了。」

他可以一次又一次退回我的報告，讓我一次又一次地重複做著被交付的工作。現在回想起來，他的做法也有其正面的意義。在我求學的期間，總是習慣在作業交出去的前夕才拚命趕工，我通常會利用最後的時間臨時抱佛腳，只求能過關。

但是，這樣的做法完全不能讓這位頑強的老闆滿意。他是一位十分殘酷的老闆，而且經常責罵我。而當我向他抱怨、爭吵，甚至一整個星期都不願跟他說話時，我知道他一定相當困擾，因為他不是願意與別人產生任何衝突的人。但是，他卻仍是個相當關注我發展的人。

我的老闆同時也是一位很好的傾聽者，不管我的理由有多麼爛，在他告訴我應該如何繼續工作之前，他都願意傾聽我那些搪塞的理由；他常常感謝我，同時也讓我覺得自己是十分重要的人物，對於我提出的需求也都能一一滿足。

直到今日，我還是十分感念他的指導，他只要打一通電話來要求我幫忙，不論哪一天、哪一個時間，我都願意搭乘最近的一班飛機向他報到。現在讓我重申一次，我的老闆也是個沒有威權的人物，他早就是一位年邁的人士了。但是他的威信對我而言，就是有著這麼大的影響力。只要他有所需，我都會盡力完成。他究竟是從哪裡得到威信的？他又閱讀過什麼企業管理方面的最新書籍嗎？

我只知道我的老闆願意為員工付出。

當時，我很不喜歡存在於我們兩人之間的磨擦；但是，現在想起來，也就是那些磨擦讓我更敬愛他。如果不是當時他持續挑剔及要求，時至今日，我可能還是一位只求低空過關，無所成就的平凡人而已。從另一個角度來看，也因為我已經有所成就，所以，現在我大可不必再做太多的事，可以只是坐在沙發上，看著電視肥皂劇，吃著冰淇淋還有垃圾食物。但因為他當時的關懷，才讓我今日有所成就、生活舒適。

道德威信

我們可以從今日美國企業中找出不少關於威權以及威信的不同例證。

當政客的醜聞，特別是性醜聞遭到揭露後，大多數媒體及學者通常會強烈抨擊這位公眾人物喪失了個人的「道德威信」。我們也可以聽到一些學者堅稱當今的教會因為一些牧師的醜聞，使得教會的「道德威信」早已消失殆盡。

那麼，「到底什麼是『道德威信』？」社會學家馬克斯・韋伯在八十年前也曾提出這樣疑問。

如果某位政客在性醜聞案遭揭露後，卻公開對於家庭價值以及婚姻關係的重要性發表個人演說，一般大眾會有什麼樣的回應？我想聽到這位政客言論的每個聽眾可能都面無表情。這樣的演說對於聽眾能有什麼影響嗎？

但是，這正是所謂的領導！當領導人開始演說後，人們就會受到影響，進而付諸行動實踐。

在過去二十幾年以來，我不認為美國人有很大的興趣關心他們是否選出了適當的領導人。在每一次的選舉中，大部分人只希望能選出一位可以把事情做好的人。「你們別把全國的經濟搞砸就好了！別把我的退休年金賠光了就好！你們可不可以通過一些有用的法案啊？每一位委員之間可不可以好好相處呢？別讓自己以身試法。」

但是我們有沒有想過要推選出一位可以啟發人民、影響我們的行為、改善我們生活的政治家？

在一九六四年時，當時約有四分之三的美國人民完全相信美國政府的行為都是正確的；而最近一份類似的調查內容卻顯示，只有百分之十八的美國人民相信政府的所做所為是正確的。這算是對於人民有所影響嗎？我的老天啊！今日的人民早已拿政客的行為當成笑柄來談論了！你曾聽過這樣的笑話嗎？兩位年邁的女士路過一處過於擁擠的公墓，她們停在某個人的墓碑前，這樣對話著：「約翰．史密斯長眠於此，他是一位政治家，同時也是一位誠實的人！」「我的天啊！」此時，另一位婦人這樣的回答：「他們有必要把兩個不一樣的人埋在一起嗎？」

許多人或許這麼認為：「笨蛋，這都是經濟惹的禍！」他們只以股票市場指數的漲跌幅度，來決定政客的成功或失敗。但是，在二〇〇〇年的一項研究指出，超過百分之九十的美國人堅信，整個國家的道德以及價值規範，早已遭受了嚴重的侵蝕。

請牢記在心，領導的終極測試就是要看看，當領導人離開時，團隊成員的行為是否能比領導人剛到時更好？政客們是否願意為他的選民們付出更多？我們是否可以得到我們的所欲——我們的退休年金的投資報酬率有沒有一年比一年還高？或是我們可以得到我們的所需——我們國家在道德以及倫理規範方面是否能建立不可動搖的根基？

前法國總統戴高樂（Charles de Gallue）曾說過：「當人民的生活優渥、凡事沒有困擾時，政客們就開始耍嘴皮子，同時把什麼事都丟在腦後。但是，一旦危機發生之時，整個世界又會變得鬧哄哄的，沒有人願意負責！」

試想，美國在過去的十五年間，沒有冷戰、沒有世界大戰，也完全沒有任何種族紛爭；國內的經濟狀況十分良好，再加上共產鐵幕的崩壞，這些原因都使得美國成了當今全世界最有權勢的政治體。這樣的時代裡一切都十分安好，而人民需要的只是良好的管理。但是自從九一一事件後，整個美國為之大變！社會上充斥了這樣的詞彙：祈禱、國家、國旗、領導，以及愛國心等等……這些名詞又再一次開始風行起來。

就軍隊方面而言，在過去的和平時期，軍隊中採用溫和管理大致不會有太大問題；但是如果處於戰爭期間，這樣的管理模式就會產生疑慮了！你可以想像，一位隊長如何將這樣的管理模式應用在短兵相接的戰鬥之中嗎？

在這裡我要再一次強調，領導其實就是一種對其他人的影響力。曾有一段時期，只要總統一聲令下，全國人民就會遵照其指示行事。想想看在第二次世界大戰時，美國總統羅斯福是如何要求所有人民為國家犧牲？而在那個時期，真的有不少民眾為了國家犧牲了一切！這就是所謂的領導！

合理的威信（**影響力**）並不會來自於你的職位、名片上的頭銜或是官架子，而是必須自己贏得。如果一位執行長想要在某家企業中待上夠長的時間，那麼，他或她就有必要了解如何建立起屬於自己的威信。或許你可以短暫運用威權，但如果長期採取威權管理，那麼，你就可能成為有名無實的管理者，而且是在極短的時間內。

此外，最重要的是，要了解影響力不應該建立在以個人的利益所進行的人為操縱、道德勸說，或者是施加壓力之上。領導應該是能夠以雙方互相的利益來影響對方，同時，也等於是自我意願的延伸，並能滿足周遭所有人的所需。**領導就是做對選擇，不論有沒有回報，或是結果能否符合期望**。

威信主要是建立在多數人想要為他人奉獻的心理上。《與成功有約》（*The Seven Habits of Highly Effective People*）的作者史蒂芬・柯維（Stephen Covey）這樣形容：「每一個人都可以成為僕人式領導人、每一個人都可以開始朝向這個目標努力。我們不一定要在接獲任命之後才能成為一位領導人，重要的是，我們必須基於道德的威信來行事。僕人式領導的精髓其實與道德威信的精神不謀而合。」

在藉由威信建立的關係中，當你對於你的員工失望，而必須重整紀律時，你只要望著他的眼睛，這樣說：「我對你真的很失望！」這就算是十分嚴厲的懲罰了！

在藉由威信建立的關係中，一旦員工的表現違背紀律時，員工寧可被領導人責罵，也不願意讓領導人失望。同時可以確定的是，犯過錯的員工絕不會想要讓領導人再一次對他失望。

各位讀者，這就是整個世界裡最能影響人們行事動機的最大力量！

3 威信的建立

How to Become a Servant Leader

你們當中誰要做大人物，誰就得做你們的僕人；誰要居首，誰就得做大眾的奴僕。

——耶穌基督（引自〈馬太福音〉第二十章二十六至二十七節）

如果你曾經到過寒舍，可能對於整個書架上整齊的藏書有點印象；如果你曾經仔細的觀察過我的藏書，你可能會發現泰半的藏書主要是討論領導管理。在過去三十五年間，我幾乎完全浸淫在領導的研究中。

當我只有兩歲時，我就發現威權式的管理方式十分有效，這也是我自己第一個發現有關領導方面的概念。當我步入青春期時，我開始了解威權的行使其實會有相對的後遺症：不論是一陣拳打腳踢、額外的工作，或是破碎的人際關係，這些都讓我當時的日子不好過。

從那個時期起，我就轉而專注在另一種領導的研究中。當時最困擾我的問題就是：歷史上這些著名的領導人，他們是怎樣讓追隨的群眾願意為他付出，甚至付出自己的生命來達成目標？換句話說，這些著名的領導人如何管理追隨群眾的「腦袋」？

基於個人的體驗，以及管理常識的累積，我逐漸了解威權的運用還是有其範圍限制，此時我的疑問變成是：「領導的真諦是什麼？」

為了求得問題的解答，我研讀很多記載來自不同領域偉大領導人的書籍，其中包括了軍事、教育、宗教、政治、商業，以及運動等不同領域，為的就是要尋得解答。所有古今賢人的文獻我幾乎都有所涉獵，為的就是要尋得領導風格的真諦是什麼。

直到有一天，我逐漸明白，也許我該從耶穌基督的言行中尋找問題的解答！

史上最偉大的領導人

我為什麼會選擇耶穌？

為了一個相當實際的理由吧！根據領導的一般定義而言，耶穌基督可以算是最偉大的領導人。如果領導與影響力有關，我想整個世界的歷史上應該沒有一個人的影響力會比耶穌還來得大，甚至連相近都沒有。

知名的科幻小說作家、歷史學者，以及無神論者威爾斯（H.G. Wells，著有《時光機器》、《世界大戰》等），他個人對於基督教義有著十分嚴苛的評論，但是他曾這麼說過：「我是一位歷史學者，我不是一位虔誠的信徒，但是若以歷史學者的眼光來看，我還是必須承認這位從拿撒勒（Nazarene）來的傳道者，稱得上是歷史演進的中心人物！耶穌基督可以稱的上是歷史上最有影響力的人物！」

就今日而言，整個世界三分之一的人類，也就是有超過二十億的基督徒存在著。而世界上第二大宗教伊斯蘭教，其教徒總數則只有基督教徒人數的一半。世界上不少國家的國定假日是以耶穌一生的經歷而訂定的，多數西方國家的年曆也是以耶穌基督誕生的日子為基準。我想這個世界上的知識分子都無法否認，耶穌基督的一生對於人類的歷史有著相當深遠的影響，而這樣的影響在今日的社會還一直持續著。

法國將軍拿破崙（Napoléon Bonaparte）是這樣形容耶穌基督的：「亞歷山大、凱撒、查理曼，以及我個人，都曾在世界的版圖上建立了屬於自己的帝國。但是我們建立王朝的方式是什麼？是武力！耶穌基督則是以愛建立起屬於自己的王朝，在此同時，全世界有上百萬的教徒願意為他奉獻自己的生命！」

領導的真諦

在《新約聖經》的〈馬太福音〉中，耶穌對於領導人下了一個明確的定義。整個定義在日後經過許多不同方式加以詮釋，但最核心的意義還是在於：「你們當中誰要做大人物，誰就得做你們的僕人；誰要居首，誰就得做大眾的奴僕。」

坦白說，當我第一次聽到這樣的論調時，我覺得這只是在週日做禮拜時聽到的傳道內容，這樣的概念與現實生活中的領導應該沒有太大關聯！畢竟我們還是生活在一個以威權為主的世界裡，不是嗎？你必須被控制、被管束，否則所有領導人都將對你視而不見。犧牲奉獻？過去十幾年來我費盡苦心取悅我的老闆們，想要得到他們的歡心，但是現在我自己成為老闆了，你居然要我放下身段，再度為我的部屬付出？這是絕不可能發生的事情！

「當學生都準備好之後，就是老師登場的時候了！」這是我個人最欣賞的一句格言。在我個人研讀了耶穌基督的論調之後，我同時也接觸到馬克斯・韋伯詮釋威權與威信之間的差異代表的意義。如果你不能理解威權與威信之間的差異代表的意義是什麼，那麼，你就永遠無法理解耶穌想要表達的意義又是什麼。

當耶穌談到「誰要居首，誰就得做大眾的奴僕」時，祂指的絕不是以威權來領導眾人。畢竟，祂個人並沒有擁有什麼實質的權力。但是就凱撒、希律王（Herod）、羅馬皇帝、彼拉多總督（Pilate）以及其他大主教而言，他們卻掌握了極大的威權！

耶穌強調的領導是要以威信服人。**如果你想要眾人能發自內心行事，或是影響眾人的想法，那麼你就一定要為他們犧牲奉獻**。對於領導以及影響力最合理的詮釋，便是建立在付出、犧牲，以及找尋出眾人的優點。影響力不會取決於一個人的職位大小，影響力也不會取決於你的手中是否掌握軍隊的勢力。影響力必須是靠自己贏得的，絕對沒有捷徑可循。

在前一本著作中，我列舉出這世界上不少的領導人，他們自己本身沒有任何的威權，但是卻可以從威信的角度出發，來完成個人的事業，進而改變這個世界。這些偉大的領導人包括甘地、馬丁．路德．金恩博士，以及德蕾莎修女等等。

在這裡我必須重申一次，影響力或是合理的領導，都是建立在服務以及奉獻之上。但是在今日與大家討論服務以及奉獻，就好像要每個人在每個月為自己的健康保險給付多支付十美元這般困難。

再進一步深入探討這問題，最近我在觀看美式足球超級盃大賽時，我看到一位年薪已經是九百萬美元的運動員，在球場邊手裡拿著一塊看板，上面是這樣寫著：「媽媽！我愛妳！」嘴裡同時大聲的吼叫著：「媽媽！你好啊！」

這樣的畫面到底有些什麼意義？

你也許可以從這樣的俗諺裡得到一點暗示，「如果你想在某個小酒館裡挑起一些事

端的話，你可以在言辭上挑釁，藉由污辱對方的母親來達到你的『目的』。然後，接下來你就可以看到桌子、椅子朝你身上飛過來了！」

這樣的畫面，又代表著什麼意義？

我想我可以這樣清楚地告訴你！

因為天下每一位母親，都懂得為子女犧牲奉獻！

收穫的原則

這並不是一項科學的研究報告。

我曾將這樣的概念對小學生們進行宣導，他們也都能迅速了解我想傳遞的概念。這也就是所謂「收穫的原則」，也就是說，「要怎麼收穫，先那麼栽。」一開始你先播下服務以及奉獻的種子，你為他人付出，同時在他們的身上找尋出優點；然後，你就會對他們產生影響。就如同我們也常常聽到的陳腔濫調：「人人為我，我為人人。」

假設你家的庭園裡有一棵六呎高的樹，而這棵樹早已枯死多時，樹皮也早已剝落，整棵樹的外觀慢慢枯黃。你很想要把這棵樹移走，但是高額的費用又讓你為之卻步。

某個星期六的早晨，隔壁常常對你有所微言的鄰居，手裡拿著電鋸，對你說：「讓我們一起把這棵老樹砍下來吧！」

這位鄰居花了整個週末假日，陪著你揮汗工作，又鋸又砍，把所有的木材堆疊起來，甚至還幫你把整棵樹的樹根也挖掘出來。而在星期日的晚上，你們兩人在車庫裡，一面休息、一面喝著汽水閒聊著。此時的你對於這位鄰居會有什麼感想？

我不知道你會怎麼想，但是，每次當我開車經過我鄰居的庭院時，我都會多看一眼，看看有沒有什麼可幫助他的地方。我會主動找尋任何可以提供服務的地方，這並不是一門很困難的科學理論。很簡單的：只要你幫助我，我也會幫助你。

當心那十個百分點

就我個人的歷練而言，我真的無法理解，為什麼有些領導人完全不能了解這樣的概念呢？如果你可以找出並且滿足部屬的基本需求，那麼，他們自然也會以滿足你的需求做為回報。我們在這裡強調的是，領導不會是以成就來定義，而是以「我們協助他人完成什麼」做為度量的標準。如果我們可以滿足他人的需求，同樣的，他們也會回報我們！

你相信這樣的邏輯嗎？你相信收穫的理論嗎？你相信真的要怎麼收穫，就必須先那麼付出嗎？

也許你對這樣的論調有些質疑，因為威信並不是對每一個人都有影響力。這樣的說法是正確的。在我的演講中常常強調，有百分之十的人們，他們不但不會對於威信有所回應，同時還會想盡辦法破壞你辛辛苦苦建立起來的威信。這個世界上還是有壞人存在的。如果你對於這個世界還是抱持著不切實際的幻想，那麼，我想二〇〇一年的九一一事件應該可以讓你從這個美夢裡清醒了！

但千萬別因為這世界上有著這麼一群壞人存在，就讓你陷入質疑以及憤世嫉俗的想法中。我看過不少經理人，他們曾經被這百分之十的人擊倒，而從那時起，他就把所有員工都歸類為同一類的壞人，「千萬不要相信任何人！」或是「激勵員工只是一種空談而已！」「這些員工才不會為了糊口而努力工作！」「這些年輕人才不了解什麼是忠誠咧！」今日多數的企業，只是為了那百分之十的壞分子，就必須撰寫成堆成冊的標準作業程序、政策、流程，以及手冊等等。這是一件多麼諷刺的事！這些壞分子根本就不應該存在於這個企業中！

對於這百分之十的壞分子，我的建議就是盡速將這些人趕出這個組織。我個人最尊敬的一位企業執行長，同時也是一位僕人式領導的實踐者，每當他開除這樣的壞分子時，他都會這麼告訴對方：「我很喜歡你，你離開之後我也會懷念你！」

即使在你家中，如果你兒子每到週末夜晚，沒有得到允許就偷開你的車子，還盜刷你的信用卡，此時，你就應該嚴肅地面對你的兒子，並告訴他：「兒子啊！我們這個家容不下你了！」

這是大家所知的「嚴愛」（tough love），但是就我個人的經驗來看，今日多數企業還是無法將這樣的方式適度運用在組織管理中。

我不是德蕾莎修女

在以具有威信的歷史人物做為例證時，你可能會遇到一些問題，其中之一是很多人會立刻得出一些結論（或者是藉口？），那就是，對他們而言，他們並不具有如此偉大的抱負，那麼，又何需這麼努力呢？

在類似的課程中，當我利用這些偉大的歷史人物做為例證時，學員們通常會發出一些疑問，如「我該怎麼做呢？像耶穌基督一樣為眾人犧牲生命嗎？還是要跟甘地一樣絕食抗議？或是在自助餐廳中找出幾位痲瘋病患者，像德蕾莎修女一樣好好照顧他們？我只不過是西爾斯（Sears）百貨的一個小主管而已！拜託，饒了我吧！」

我對這樣的問題通常都是這樣答覆的：「我之所以會利用歷史中的一些人物做例證，最主要是想引起大家的注意力。往好的一面想，一旦你願意為別人犧牲奉獻，為別人付出，那麼就可以同時建立自己的威信及影響力。從來沒有人會要你為了工作付出生命，同時也沒有人強迫你捐血給紅十字會。但何不主動多為別人設想，表達出對別人的感謝？試著把他們當成是十分重要的人物，每天花一點時間，試著去傾聽他們內心的話？你也可以試著多信任他人，少一些控制，也許我們可以協助他人，讓他們發揮自己最大的才能。你覺得我們可以在辦公室裡完成這樣的使命嗎？」

每一個人都能為別人付出（服務）

金恩博士曾說過：「每個人都可以是一位偉人，因為每個人都能為別人付出！你不必要有高學歷才能為別人付出，你也不必要有好口才才可以為別人付出……你更不必在完全理解熱力學的理論後才可以為別人付出，你只要有著一顆慈悲的心，以及充滿愛心的靈魂。」

為別人奉獻、付出的方式有很多種。當我們致力於確認以及滿足別人最基本的需求時，我們就進入了一個必須為別人奉獻的階段。有時我們必須拋棄自我、對威權的渴望、驕傲，還有其他的私念。甚至於必須犧牲受別人擁戴的欲念，將自己不良的習性完全拋棄，以求避免不必要的衝突，還有事事求得解答的念頭，甚至於還要屏棄外貌的追求，以及自以為是的堅持。當我們為了別人付出時，我們必須懂得寬恕、歉意，即使自己無法感受到誠意時，也應給予他們一定的肯定。當我們為別人設想時，我們可能遭到拒絕、不被重視，甚至於有時會被別人占便宜。事實上，如果我們覺得自己所做的是正確的，也願意為他人付出，那麼我們就有必要犧牲自我，同時也要排除所有窒礙。

但是，十分不幸的，很多企業領導人認為這樣的行為要付出的代價太大。有的人甚至認為，只要自己爬到領導人的地位後，就是別人必須為自己付出的時候了。彼得・杜拉克曾說過：「如果一位領導人不肯放下身段，那麼，他無法得到應有的威信。」

所幸，我們知道每一個人都可以為別人付出。每一個人都有可能讓別人的生活變得不同，特別是已處於領導地位的我們！

安・法蘭克（Anne Frank）在希特勒的集中營裡逝世，她曾說過：「如果每一個人都可以立刻投身於改革世界的行列中，這會是一件多麼美好的事情啊！」

類似兩歲孩童的情緒

如果你想要進一步了解人類的本性是什麼的話，你可以觀察那些才兩歲大孩童的行為。這些孩童的行為可以用一句話來形容：「唯我獨尊！」

這樣的個性以一個兩歲大的孩童來說，還算是十分可愛；但是，如果這樣的個性表現在一個五十幾歲的人身上，就容易引人反感。

我曾經與很多企業領導人，或是專業的經理人相處，但可悲的是，他們居然還不能走出這種「兩歲孩童的情緒」。在除去他們光鮮豔麗的外表、幽默、機智、聰明之外，他們的個性就是那麼的幼稚，「唯我獨尊！」

我的老婆在她的心理諮商案例中，也曾與不少有著這樣心態的人物打交道。這些人大剌剌地走進她的辦公室，大聲地對她說著，「我的需求、我的欲望、我內心稚嫩的心靈……一切都是以我為中心！」太多人心中只想到自己。我老婆覺得這些人可以算是她認識的人之中，最可憐、最不快樂，同時也是最讓人悲憫的人了。而當我們逃脫「我」的迷思，而且能為別人設想、滿足別人的需求，我們的需求也將藉此得到滿足。這可算是人生眾多矛盾中的一種吧。

如果我們想要成為一位有效率的領導人，就必須把這種以自我為中心的想法拋棄，我們必須在心靈上有所成長。一旦我們決定要成為一位領導人的話，就必須把別人的事當成是最重要的課題。直到今日，在美國的軍隊中，都是由士兵先行用餐，軍官則是最後才用餐。

職業籃球場上的知名教練菲爾．傑克森（Phil Jackson）最令人稱道的，就是讓籃球場上的超級明星或個性十分難以馴服的球員一起合作，共同為球隊贏得冠軍。在他的著作《公牛王朝傳奇》（*Sacred Hoops: Spiritual Lessons of a Hardwood Warrior*）中曾指出，「要組成一支戰無不勝的隊伍，首先你必須將全隊球員的個別需求，與球隊勝利的遠大目標結合起來。一支團隊的成功，不論是美國國家籃球賽的冠軍，或者是一個銷售團隊，最重要的還是要講求心靈上的契合。要達到這樣的目的，團隊中的每一個成員都有必要捐棄自我的利益，而在這樣的前題下，每一位成員的貢獻組合才能有相乘的效果，同時才能遠超出原本預期的整體效益。」

過去幾年來，總是有人這樣對我說：「我個人完全做不到，什麼奉獻、犧牲之類的事。我還是想要達到市場第一的地位！因為如果我不這麼想的話，別人也會爬到我的頭上！」

如果你還是身陷「自我」的情境之下，這也是一種選擇。一旦你選擇了這條路，就請你不要更改自己的選擇——千萬別試著想要成為一位領導人！如果你的想法還是以自我為中心的話，你千萬不能有自己的小孩；你也千萬別結婚，因為婚姻是一種彼此信任、互相交付生命的契約；同時你也不能要求所有員工全力投入在你的事業中！因為你就是這麼的自私！一切只會為自己著想！

你應該做出不同的選擇！你應當一個人駕駛著單人帆船去環遊世界，並且試著多多寫作。詩人奧登（W.H. Auden）曾寫道：「我們存在這世界上的理由，就是為他人付出。但是，別人存在於世界上的原因是什麼？我並不清楚。」

付出的喜樂

正如前文討論的，當我們為他人付出，同時為滿足他們的需求而努力時，通常我們都必須全心投入及有所犧牲。這是一項十分困難的工作，當然也不是一蹴可成的。你可以在研讀這些歷史上著名領導人的生平，如耶穌基督、甘地，以及德蕾莎修女等的傳記時發現，他們從言行之間，還有為別人付出的過程之中，都充滿了喜樂。

美國偉大的心理學家以及作家卡爾．麥林格（Karl Menninger）去世時已是百歲人瑞，在他一九九〇年去逝前夕曾被問及，對於一些精神失調的病患們有些什麼建議，卡爾這麼回答：「他應當馬上離開家裡，越過鐵軌，找到一些值得幫助的人，為他們做一點事。」

唯有跳脫只想到自我的心態，你才可能表現得好一點。

美國有線電視新聞的名嘴賴瑞．金（Larry King）有一次在他的節目中訪問克里斯多夫．李維（Christopher Reeve，美國知名影星，曾主演《超人》及《似曾相識》。於二〇〇四年十月十日去世）賢伉儷，也許大家都知道克里斯多夫在一次落馬的意外中摔斷了脖子，自那時起，他從脖子以下就完全沒有知覺。我真的無法想像這一對夫婦在經歷了這樣的意外之後，還有多少的考驗在等待著他們！

以下就是當時節目訪談的部分內容：

賴瑞：「有時候，妳會不會覺得人生無望？」

黛娜（克里斯多夫的夫人）：「當我們對現況感到難過時，你可以試著去幫助一些需要幫助的人們。在這麼做之後，你將發現自己會感覺好一些。」

克里斯多夫：「一旦你開始這麼做，你就不會再把『自我』放在第一位，而且這種感覺真的很棒！」

美國前總統林肯則是用更直接的陳述表達自己的意見：「只要我能為別人付出，我就會感覺一切變得美好。」

這裡，我們又重新回到那個選擇題。我們必須決定，是要為別人付出呢？還是只為自己付出？

最後，我們必須做出抉擇，我們是想成為一位僕人式領導人，還是成為一位獨善其身的領導人？

4 愛與領導

How to Become a Servant Leader

愛有何用？

——蒂娜・透納（Tina Turner，美國搖滾教母）

人生在世只有兩件事非做不可，一件是人一定會死，另一件是選擇。真的是這樣嗎？多年前我毅然決定，要將「愛」這個概念融入我的討論會題材中。

在我的出生地底特律，這樣的行為十分大膽，特別泰半參加研討會的成員皆是男性。整個研討會的內容一開始十分順利，氣氛也十分融洽，但是當話題轉而討論「愛」時，所有學員的眼神開始變得呆滯，有些人低頭沉思，有些人則開始露出不安的情緒。

當我鑽研世界上一些偉大領導人的言行，從耶穌基督到金恩博士，從甘地到德蕾莎修女，從西南航空的赫伯．凱勒赫到奇異的傑克．威爾許，我很驚訝地發現，這些領導人無時無刻不在傳達一個概念，那就是「愛」！

《財星》雜誌的傑菲．考文（Geoffey Colvin）曾在二〇〇一年十一月撰寫一篇專文，文章的標題就是〈愛有何用？〉（What's Love Got To Do With It?）這篇文章的內容就是討論從西南航空的赫伯．凱勒赫，到奇異的傑克．威爾許，還有他們常掛在嘴上的這個字眼：「愛」。

我深信現在還是有很多人一聽到愛這個字眼，就會覺得渾身不對勁，特別是那些在商場上打滾很久的人士，就他們而言，愛純粹是一種莫名的感覺。在英文的表達上，常常窄化並扼殺了愛的原意，因為我們總是把愛與一個人的正面情感相連結。

舉例來說，我熱愛我的工作、我的狗、我的雪茄、我的女友，或者是那部一九六八年的古董老爺車。只要我對某件事情感覺不錯，我就可以說我愛它。如果我們對於某件事物並沒有好的感覺的話，我們就不可能把愛這個字眼跟那件事扯上關係。

愛是動詞

文斯．隆巴迪（Vince Lombardi），這位傳奇的美式足球隊教練曾說：「我用不著喜歡我的球員或助手，但是，身為領導人，我非得愛他們不可！」

愛？像隆巴迪這樣的硬漢，常掛在嘴邊的話不是應該像：「在一場比賽中獲勝是最重要的，也是我唯一關心的事！」這類的話嗎？我想很多人不知道，隆巴迪在之後花了多大工夫想要為自己說過的這句話修飾，他說：「我真希望自己沒說過這句話……我的意思並不是指不在乎人類的價值及道德。」隆巴迪已經可以清楚分別出情感上的愛（情緒），以及決心上的愛（**意志力**）的不同。

情感上的愛是一種熱情、浪漫，以及讓人感覺到溫暖的模糊感，這就是愛的語言、愛的果實，以及愛的表徵。但這卻不是愛的真正意義。

意志的愛就是愛的決心。決心的愛是一種抉擇，是一個人願意為了滿足別人合理的需求、最高的利益而行事，完全不顧自己可能經歷的責難是什麼。

我個人最欣賞的一位英國教授，同時也是一位知名作家路易士（C.S. Lewis），他個人對於愛是這樣形容的：「愛不只是一種情感，愛並不完全是情緒上的表徵，愛同時也牽引著意志上的行為；這也是自己最為自然的表現，同時更應該將這樣的感覺推己及人……這也代表著我們要找尋出自己最值得驕傲的部分。」

請記住，不論是如何差勁、惡劣的人，都有可能為人所深愛。不論是希特勒、史達林，甚至是海珊，對於崇敬他們的子民來說，他們就是一代的偉人，這些人民願意為這些領袖犧牲。每一個人都願意為自己所愛的人奉獻自己，但是，你有可能愛上你並不喜歡的人嗎？

這就是隆巴迪先前所提到，另一個型態的愛。隆巴迪曾說過，有時候他與球員之間並不能和睦相處，彼此都看不對眼，但是，身為教練的他，有必要要求球員在球場上表現出最優異的一面，同時，他也會盡一切努力，讓球員們都能發揮最大的潛能。這才是隆巴迪專注的地方，這才是他所謂的「冷酷的愛」（relentless love）。

也許你會認為這是一件讓你很難接受的事實。就像我的妻子，有時候她真的很不喜歡我，但這並不會影響到她對我的愛。她的感覺與她做出的抉擇之間沒有任何相關性，她還是一樣的仁慈、善良、寬恕，以及投入；即使偶爾因為我的胡鬧，而讓她不太喜歡我，但是她的行事方式還是一樣。這才是愛的真諦。你覺得我說得有沒有道理？

前面曾提過，「愛」這個字眼常常出現在西南航空中。事實上，西南航空多年來的廣告詞一直是：「西南航空就是愛的航空！」對西南航空的員工而言，愛不只是嘴巴上說說就算了，每位員工都盡心盡力在工作上表現出愛。赫伯・凱勒赫曾這麼說過：「一間充滿愛的公司，一定會比一間充滿恐懼的公司更加出色。」

在本書中，愛這個字會一再出現。所以，我希望讀者能夠了解我提到的愛，它的真正意義是什麼。**我所指的「愛」**，當然不是單純指對某人的感覺，同時也不是要你們扯出一段辦公室性騷擾的案件。我所指的是，**我們每一天的行為表現**。我們有沒有想要協助他人成長的意願，然後，讓他們能發揮自己的最大潛能？即使在自己並不是很有意願的前題下，也願意多為別人付出嗎？我們能為了滿足部屬的所需而努力嗎？

在本書中，愛的定義是這樣：

愛，是推己及人，找尋出別人的需求；同時，也要為了滿足別人所需而努力著。

對於愛，最好的形容詞就是：「愛就是愛的行為。」（Love is as love does.）

別只是用嘴巴說，要有行動

在將近八百年前，聖方濟（St. Francis of Assisi）曾勸誡他的追隨者要隨時傳揚福音，必要時可使用言語為媒介。

我還記得在我年少輕狂時，跟我的同黨一起在酒吧裡鬼混的日子，那些地方實在不是我那年紀該去的場所。在某一天凌晨三點，當我那已婚的好友突然對我說：「我應該回家了，我真的很愛我的老婆！」我心中突然升起一股怪異的感覺，我還記得當時我的想法是：「你都在外面鬼混到這麼晚了，還敢說自己愛老婆？」

另外一個讓我無法理解的情況是，我的另一位朋友常在我面前說他有多愛自己的孩子，但是，他卻常常一個星期裡也擠不出一小時來陪伴他最疼愛的孩子。他常常對我說教，訓示著相處的品質重於相處的時間長短。這些事情讓我常常思考，到底愛是用說的，還是該表現出來呢？

再回到我身為顧問那段黑暗的日子。當時，我與工會不停抗爭著，並且還替一些不健全的組織做事。我常常與我的事業夥伴打賭，到底要花多少時間，才能聽到某企業執行長親口說出「員工是公司的重要資產！」這類的話？

在與顧客的諮商過程中，通常都會先聽到這樣的開場白：「吉姆啊！在我們開始進入正題之前，我一定要讓你先了解一件事，所有員工都是企業最重要的資產！我們身為領導人，深愛著企業內每一位員工！」

每當我一聽到這樣的論調，我就很想提出這樣的回應：「真的是這樣嗎？我可以問問那位操作堆高機的恰克，看看他有沒有同樣的感受？我們可以在三十秒內就得到這個問題的答案（順便一提，其實應該將「員工就是企業最重要的資產！」改成「適任的員工，才是企業最重要的資產！」這樣才正確！）。

大多數人都一樣，都只會說些中聽的話。但是，我必須承認的是，隨著年紀漸長，我重視的是這些人的實際作為，而不是他們說的話。

美國知名作家拉爾夫．沃爾多．愛默生（Ralph Waldo Emerson）是這樣形容的：

「你這麼大聲在我耳朵旁喊叫著，我反而聽不見你說的話！」

愛與領導的特質

參加過我舉辦的研討會的人，來自各行各業、包羅萬象：從媒體的主播到在學的學生，從清潔工到醫生，從童子軍到財星五百大企業的總裁都有。

在研討會的過程中，我總會詢問這些參與者，請他們把心目中最偉大的領導人的特質表列出來。我個人對於由整個研討會團體集思廣益呈現出來的領導人特質，總是十分有興趣！

每當我得知研討會成員的共同結論之後，我都相當驚訝，因為每一個研討會的成員列出的特質，幾乎都相同！這些特質通常是：誠信、可敬的、以身作則、體貼、說到做到、善於傾聽、有責任感、可預測的。

同一時間，我參加了好友的婚禮，就在這對新人將要宣誓彼此愛的宣言之前，牧師選用了一段每逢婚禮就可能聆聽到的祝福，也就是〈哥林多前書〉（Corinthians）的第十三章「愛的箴言」。

我聽過了幾百次同樣的祝福辭，甚至在我自己的婚禮上又聽了一次。但是，不知為什麼就在這一次，我覺得自己對整個內容有了不同的領悟！

當時，這位牧師是這樣朗誦著：

「愛是恆久忍耐（忍耐），又有恩慈（恩慈）；愛是不嫉妒；愛是不自誇（謙卑），不張狂，不做害羞的事（尊重），不求自己的益處（無私），不輕易發怒，不計算人的惡（寬恕），不喜歡不義，只喜歡真理（誠實）；凡事包容，凡事相信（守信），凡事盼望，凡事忍耐。愛是永不止息。」

這位牧師的祝福詞，與我之前在研討會中所得到的領導人特質完全相同！這段愛的定義已經有兩千年的歷史，但拿來應用在領導上還是十分合適！

從上面的箴言裡，你可以看得到任何情感的表現嗎？之前提到的「愛是浪漫，愛是激情，愛就是一大束花還有巧克力！」這樣的描述還適合嗎？我不知讀者們是怎麼想的，但是，我已經看出其中的端倪。我知道這就是為什麼「愛的箴言」要在每一次婚禮中都被拿出來宣讀一次：當感覺過去後，就是面對現實的時候！坎普羅牧師（Tony

Campolo）曾說過：「在每一次婚禮中，我們都有幸可以見證一對新人完婚。但是我們只有在感覺逐漸消失之後，才能真正知道我們面對的是什麼。」

每一個人都可以向心愛的人求婚，每一個人也都能享受蜜月的快樂，每一個人都可以大剌剌地談論著愛，我記得是好萊塢資深影星莎莎．嘉寶（Zsa Zsa Gabor）說的吧：「一年內有二十個男朋友，這是一件很簡單的事；但是要與一個男人相處二十年，這就是一門大學問了！」

領導也是同樣的情形。每一個人都可以成為配偶、父母、老闆、教練，或者是老師，但是，只有當情形有所變化時，我們才知道真實是什麼！

我之所以會深信這八個愛的特質，除了這些是關於「愛」最好的定義之外，同時也是領導內涵的概括。這些特質不僅為領導下了最好的定義，並且也具體展現性格的真諦。事實上，這幾項特質也是我們從小就開始學習的特質，而且在整個成長過程中，也一直被教誨。在本章後續還會有更多有關於性格的討論。

愛別人，其實就是做對的事；而領導也是如此。同樣的，性格也是做對的事。在這裡我們重申一次，領導的發展以及性格的發展，其實是同一件事。

基本的定義

我還記得，在那次婚禮之後，我迫不及待地衝回家，拿出研討會中學員們列出的領導人特質內容，與這個已經有著兩千多年歷史的「愛的箴言」相比較，結果兩者真的十分契合！這狀況使我不得不拿出字典，好好重新一一審視這些行為的定義！

領導人必須具備忍耐的美德

忍耐的定義是：「展現出來的自制力。」

這項性格特質對於領導人來說，算是十分重要嗎？這不但是一個十分重要的特質，同時也是最基本的特質。因為忍耐與自制是性格及領導特質養成中最基本的重點。

我覺得自制力用「衝動的控制」形容更為貼切。每一天，我們都會教導我們的孩子，要他們回應事情的時候不能只是依照自己的衝動來行事！而是要判斷什麼才是應該做的事。

如果我們不能克制個人的欲望、任性，還有其他可能的衝動行為，那麼，對於其他行為的控制，就可能成為十分困難的任務。為了成為一位有效率的領導人，你必須培養出依循紀律行事的美德，而不是凡事憑著衝動行事。簡言之，我們應該要學著能控制自我的衝動。凡事都應該由大腦（價值）行事，而不是放任心情（情緒）行事。

忍耐以及自制力，是良好人際關係的基礎。如果你心中仍存有疑問，你可以問問自己：你有可能和一個失控的人保持良好的互動關係嗎？

忍耐以及自制力，其實就是在情緒及行動上要維持一致性與可預測性。你是一位值得信任的人嗎？你是個很容易相處的人嗎？別人都樂於接近你嗎？你對於不同的意見如何處理？對於別人的批評你又如何看待？

我並不是建議大家對自己所做的事或擁有的東西都不該展現出熱情，熱情（承諾）是領導最神奇的特質，我們會在稍後的章節討論這個特質。當我們對其他人保持忍耐及自制時，我們還是可以對自己所做的事保持熱情。如果你不是個值得信任的人，無法讓別人欣然與你分享好消息或壞消息，那麼，你就要特別留意小心了。

在許多研討會中，很多人都承認自己的脾氣很差，有的時候甚至會毫無理由對別人暴怒。但是，他們常常會為自己辯護：「我就是這樣的人啊！」「沒辦法，我就是個易怒的人！」或是「我的脾氣遺傳自我老爸，沒辦法改！」

當我聽到這樣的理由時，我會這麼回答：「那麼你上一次對貴公司的執行長，或是公司最重要的顧客發脾氣是什麼時候？」

他們的回答當然是，從不會對公司高層或顧客發脾氣，而我的反應是：這不是一件很有趣的事嗎？你可以在面對公司高層或顧客時控制自己的脾氣，但對自己的部屬卻無法如此，你認為這到底是什麼原因？

我有一位朋友玩慢速壘球已經好幾年，他是個不錯的人，可是每次與球賽的裁判出現糾紛時，他的行為就成了整個比賽場上的笑柄。在比賽中，只要他認為裁判的判決不公，他就會十分憤怒地衝上前去與裁判理論，甚至還將口水噴在這位可憐的裁判臉上。當然，最後的下場往往是他被驅逐出場，無法完成比賽。

某一年，聯盟指派了一位新人裁判，同時這位新人裁判是該教區的牧師。你們想想看，這位裁判居然要擔任有著「最難惹的球員」的球賽裁判。現在，你們猜猜看，那一整年比賽，我這位有著壞脾氣的朋友，一共被驅逐出場幾次？一次也沒有！

當他被問及，為什麼在那一整年度的壘球聯盟比賽中，一次也沒有被驅逐出場時，他是這樣回答的：「我再怎麼火大，也不敢對牧師叫囂啊！」

現在讓我們思考一下，忍耐以及自制力，是不是一種個人的抉擇呢？

憤怒其實是一種自然而且又健康的情緒表現，而這也是一個人所能擁有的美好特質，這一點我們會在稍後的章節討論。但是，一旦我們把個人的憤怒加諸在別人身上，或是讓我們的熱情侵犯到別人的權利時，這就會影響到彼此間的相互關係。這是我們一定要加以控制的部分。

領導人必須具備恩慈的美德

從字典裡我們可以查到，恩慈的定義是對周遭的人付出關心、讚美，以及鼓勵。另外一種解釋，便是「對旁人展現出一致性的禮節」。

恩慈是一種愛（動詞）的行為，**即使是你不喜歡的人，你也能主動表示善意**。恩慈以及一致性的禮節，可以促進人與人之間的關係更平順，同時也能讓自己多為別人設想、鼓勵他們、表現得更有禮貌、認真地傾聽，同時還要對他人的努力以及付出，給予適時的讚美。

美國知名哲學家及心理學家威廉．詹姆士（William James）教導我們，人類最核心的需求，便是被讚美。

最近你可曾讚美過你的孩子？配偶？你的老闆？或是那些每天花很多時間，在你的領導下努力工作的員工？你的隊友？德蕾莎修女也曾說過：「一個人渴望受讚美的程度，遠比渴望一塊麵包要高得多。」

有效率的領導人會鼓勵周遭的人，發揮最大的潛能；有效率的領導人會敦促、誘使、提振，還有鼓勵他的員工表現出卓越的工作水準。他們會藉著分享自己的經驗以及知識以鼓勵他人；他們將會成為周遭人們的一盞明燈，時時刻刻影響這些人的行為。請記住，並不是只有老闆級的人物，才可以激勵或影響四周的人們。

而一致性的禮節則是經由一些小細節使得一個組織更具有溫暖的感覺。就像是多跟別人說：「請」、「謝謝」，還有「對不起」、「我錯了」，你可以是每天早晨主動與別人互道早安的人。

恩慈就是人際關係之間最佳的潤滑劑！

領導人必須具備謙卑的美德

謙卑的定義是：「確實做到不驕傲、不自大、不虛偽。」

謙卑，就如同「愛」一樣，也是一個被現代英文扼殺了的字眼。謙卑相對的意思就是自大、誇張，或是虛偽。有很多人錯將謙恭與被動、過度的謙恭、不出風頭等視為同義，甚至還認為謙卑就是楚楚可憐。

但是，事實卻完全相反，一位謙卑的領導人絕不會貶低自己的行為。謙卑的領導人在面對自我價值觀的挑戰時，也可以表現得如獅子一般的大膽並做出正確的事。而當他專注地面對使命的交付，為了達成營運的利潤，或是掌握可以信賴的人選時，他又會表現得如美國比特犬（pit bull，世界排名第一的猛犬）般兇猛。

一位謙卑的領導人，他們絕不會迷失自我，忘記真實的自己。一位謙卑的領導人知道自己和其他人沒兩樣，他們了解自己也有犯錯的可能；他們也了解，自己可能對這個世界沒有任何貢獻。一位謙卑的領導人早已超越自我，他們是成熟而有智慧的人。

一位謙卑的領導人會有意願、甚至是熱誠去傾聽其他人的意見，即使是不同的意見也能如海納百川般的接受。一位謙卑的領導人知道自己並不是對每一個問題都一定能有解答。已逝的英國評論家約翰・魯斯金（John Ruskin）曾這麼說過：「一些真正的偉人心中都知道，他們之所以偉大，並不是因為個人，而是他們經歷的一切。也就是因為這個原因，他們能成為謙卑的領導人！」

一位謙卑的領導人並不會把自己或周遭的事情看得太重要。一位謙卑的領導人有時也會自嘲或嘲笑這個世界，這也是個重要因素，因為人有時需要製造一些樂趣。一位謙卑的領導人可以迅速地讚美他人，但是又不願自己居功，刻意把所有光芒攬在自己身上。因為他們對自己充滿信心，所以不需如此。

我認識不少身處領導階級的人，這些人嘴裡絕不可能說出這類的對話：「我不是很了解。」或是「那麼你又覺得如何？」「你可以試著考驗我啊！」「很抱歉，我錯了。」「你的表現比我要好得太多啊！」在事後深入了解這些人之後，我發覺他們是一群十分沒有安全感、對自己相當沒自信的人。

吉姆・柯林斯在《從A到A^+》一書中把領導表現分成五個等級，最高的是第五級。他認為**第五級的領導人，是結合謙卑以及意志兩者的綜合體**。我們都知道他們的野心很大，但是他們表現出來的野心，卻都不是為了自己，而是為了整個公司！

一位謙卑的領導人會將自己的領導視為是一項重大的責任。他們認為領導是一種信任，而且是一種為人服務的管理工作（stewardship），同時也會把別人對他們的信任視為一種責任。他們並不會專注在「管理的權利」上，當然也不會在夜半驚醒，為辦公室裡的勾心鬥角而失眠。他們反而會專注在領導人的責任上，在半夜能讓他們擔心失眠的，是自己能不能滿足部屬的需求。

謙卑的領導人是真誠的。他們不會時時露出「我早就知道！」的表情；一位謙卑的領導人也十分開放，而且願意承認自己也是有弱點的人。因此，他們會控制自我，同時也不會自認是組織中不可或缺的人，而有了自以為偉大崇高的錯覺。因為他們深刻地了解到，失敗的人通常就是那些自以為是的人！

一位謙卑的領導人知道自己的長處，也清楚自己的不足。他們也了解這個世界上還有不少人跟他一樣，甚至比他還好！一位謙卑的領導人知道自己也會有犯錯的時候，同時他們也了解，世界上最大的錯誤，就是相信自己永不犯錯。

有位佚名的靈性導師曾經說過：「如果我們可以真正看清自己，那麼我們就會變得

更為謙卑了！」

塵歸塵，土歸土，某次我曾聽到一位牧師在喪禮上這麼祈禱著：「從來沒有人可以從棺材裡活著走出來！」

一位謙卑的領導人總是能具備遠見！

領導人必須具備尊重的美德

尊重的定義是：「待人如奉上賓。」

如同恩慈一般，在領導人四周的人們都了解，身為領導人應該尊重其他人，就如同他們尊重重要人物一樣。如果是一般人或對他們有不同意見的人，領導人還能保持尊重的態度嗎？

知名的黑人歌手以及演員伊瑟．華特（Ethel Waters）最常掛在嘴邊的一句話便是：「天父不會製造垃圾的。祂只是會製造出一些行為上有問題的人類！」

這句話真是太正確了！像我們這樣的凡人，其實都有著行為上的問題。在我的研討會中，曾這樣向參與者講述：「如果你自認在行為上沒有什麼可以修正的地方，那

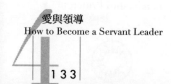

麼，你就可以把傲慢這一項原罪加諸在你自己身上！如果你還是覺得自己完美無瑕，沒有任何行為上的問題，那麼請站出來，讓你的組員來指正你在行為上的疏失！」

領導人應該如何建立對他人的尊重與信任？最重要也是最有效的方式，便是培養自己願意將責任分擔出去的技能，藉由這樣的行為，部屬才有機會學習與成長。適當的授權有利於讓主管了解下屬的技能與能力，授權是一種展現信任的最佳方式，而信任就如同一條雙向行駛的道路：如果我們想要從對方得到信任，就應該事先給予對方信任；如果我們希望部屬可以有縝密的思緒與獨立判斷的能力，就必須先具備縝密的思緒與獨立判斷的能力。

在某次研討會上，一位參與者對我說：「我爸爸曾這樣對我說，尊重是要從他人之處贏得的，所以我只會尊重那些足以贏得我的尊重的人！」

「你被你爸爸騙了！」當時我這麼回答他。

當你身處領導地位時，**尊重並不是你贏得的**；當你處於領導人的地位時，你得到的**尊重都是別人給予**的。平凡人難道就不能獲得別人的尊重嗎？那些與你在同一間公司一起工作的人，就不能獲得別人的尊重嗎？事實上，如果我是公司的股東，我會強調領導人最重要的任務，就是協助員工贏得勝利，成為一位成功人士。領導人要到什麼時候才懂得尊重那些給予他尊重的員工？

讓我們回想一下「愛」的定義。愛是一種抉擇，是一個人願意為了滿足別人合理的需求而付出，為了他人的福利而行事，而且不在乎自己可以獲得什麼回報。愛（領導）絕不是製作出一份Excel試算表，在欄位中輸入對一個人加分及扣分的數字，再按下公式計算出這個人應該得到的尊重有多少。換言之，領導人必須尊重他人。一位真正的領導人，他選擇了要讓周遭的人都能得到貴賓一般的禮遇，甚至對於某些不值得尊重的人也一樣。

有效率的領導人深深了解，每一位員工都十分重要，每一位員工都能為整個組織增加不少價值。但是，當這些員工無法為整個組織貢獻出自己的價值時，這會是誰的錯呢？為什麼這樣的員工還可以待在這個組織中？讓我們重申一次，每一位員工都是十分重要的。唯一不同的地方在於，每一位員工都有不同的職責，而不同的職責各有不同的報酬。

讓我們這樣說吧！把僕人式領導視為「同類中第一」（primus inter pares），也就是「所有領導學中的第一名」。西南航空的赫伯·凱勒赫是這樣描述的：「我的母親教我……一個人的職位或是他的職稱其實不算什麼……這只是虛名而已……職位以及職稱並不能代表這個人的本質……她教導我，每一個人，或是每一個工作，其實都和其他人或其他職位同等重要。」

領導人必須具備無私的美德

無私的定義是：「滿足別人的需求，更甚於自己的需求。」這對領導是相當完美的定義。

在每一次的研討會中，我常常被問到這樣的問題：「要把滿足別人的需求，排在滿足自我的需求之前嗎？」我則是這麼回答：「沒錯，要排在滿足自我的需求之前！」

當你簽下成為一位領導人時，你就有必要這麼做。

願意為他人犧牲奉獻的心，將自己所欲以及所需放置一旁，只為了滿足他人的所需而努力的意願，這就是我們所稱的無私。這也是成為一個領導人所必須具備的特質！

我常常被一些憤怒的參與者質疑：「你所提到的服務理念真的十分美好，但是，你不了解我的老闆啊！」「你真的不認識我的另一半啊！」或是「你真的不知道，我每天相處在一起的員工，他們到底是怎麼樣的人啊！」

我總是回覆這些參與者，他們必須努力踢除這些錯誤的想法，因為他們已經步入歧途！在通往**僕人式領導**的路上，**並不是要修正或改變別人，而是要改變或改善自己**。俄國小說家托爾斯泰就曾說過：「人人都想改變世界，卻無人想要改變自己！」

這真是十分正確的評論啊！當我們自己有所改變之後，這世界自然也會有所改變。除了這個原因之外，我們也沒有任何足以改變他人的能力。就如同那句戒酒名言一般，「你唯一能改變的人，就只有你自己！」如果每個人都能將自己花園裡的垃圾清理乾淨，隔不了多久，整條街道就會變得乾淨無比了。

領導人必須具備寬恕的美德

寬恕的定義是：「別人做錯了也不怨恨。」

很多人都認為，**寬恕**算是成為一位領導人的特質中最為突兀的一項性格。但是，就我個人而言，我卻認為它**是最重要的一項技能**。

為什麼？

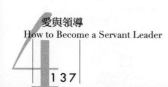

當你身為一位領導人，你常常會面對許多部屬犯下的錯誤。不論是你的上司、你的助理、你的員工、你的配偶、你的孩子、你的隊員，他們都有可能會把事情搞砸，犯下十分嚴重的錯誤，進而讓你失望。你周遭的人會傷害你，有時是十分嚴重的傷害。多數人不會像你預期中的那樣努力，或投入與你同樣的努力，有些人可能會辜負你所付出的努力與期待，甚至還藉機占你的便宜。

這就是為什麼身為領導人的你，必須發展這項技能去接受他人能力不足的事實，並且能有接受別人不夠完美的肚量。身為領導人，當周遭的人們讓你失望，或傷害了你，你必須要能排除心中的怨恨。畢竟，如果每個人都能做到完美，那又何需你的領導。

排除心中的怨恨，並不代表你要成為被動、任人踐踏的人，也不代表讓犯錯的人不受責罰，或是這些錯誤都是可被接受的。如果你這麼做，就不是一位正直的人。

相反的，寬恕是要與做錯事的員工溝通，讓他們了解自己犯了什麼錯，而這些錯又是如何影響到你，同時要求犯錯的員工要能盡速處理，之後，才可以把停滯在心中的怨恨排除。老牌諧星巴迪·赫克特（Buddy Hackett）的形容就十分貼切：「當你心懷怨懟之際，別人卻在跳舞狂歡！」

這一項十分難得的特質，其實可以藉著練習以及勇氣，在時間的歷練之下完成。要發展這項技能的確十分困難，因為，一旦個人的感受或自尊受創，我們往往不會讓犯錯的人這麼輕易就逃離應有的責難。唯有擁有自信以及成熟個性的領導人，才有可能發展出這樣的特質。甘地曾這麼說過：**「弱者永遠也不能寬恕他人。真正能寬恕他人的人，都是世界上的強者。」**

我認識不少專業管理人，往往因為自身的感受或自尊作祟，導致他們不能原諒別人的行為，同時也不能把停滯在心中的怨恨排除（進而斷送了自己的大好前途）。

任何一位優秀的心理學家都會同意，怨恨可能破壞一個人的個性。若是心存怨恨，時時想要復仇，對他人懷恨在心，就會在心中充滿了仇懟，同時成為被仇恨所吞噬的凡人。歐洲知名作家赫塞（Hermann Hesse）的作品深深地影響著羅勃．葛林里夫，他曾這麼說過：「每當我們痛恨著某人時，這表示你痛恨從他們身上看到了自己的短處。如果我們身上沒有這樣的短處，自然不會如此！」

或許有些人會說，「你說得倒是簡單，要是哪天一名酒醉的駕駛把你兒子撞死時，你又會怎麼想？若是一個瘋子殺了你的老婆？或是如果你的業務員因為一個疏失而把公司最重要的客戶氣走了？你可以在短時間內就原諒他們嗎？」

聽到這樣的問題，我自己也會有所遲疑。但是對我而言，這就好比是我還沒學會加法以及減法，就要我學習三角函數一般。也許我們可以在每一天，先從自己周遭的人開始，試著練習以及發展自己這方面的技能，這樣應該遠比要原諒一位連續殺人魔的惡行來得容易許多。

何不試著與一些行為上有些小惡的人們相處？也許你就可以原諒那位老是毀謗你的同事；或是那位老是在星期日下午騷擾你的鄰居；或是原諒那位去年因為一時之怒而在眾人面前讓你下不了台的上司；也許你也可以原諒三十幾年來不曾說過話的兄弟姐妹。

讓人們走出行為的迷思

如果你曾參與過建構紀律方面的人力資源課程，也許你會覺得這位講師的論述似乎愚蠢無意義！這些論述像是：「當你訓斥你的員工時，你必須將這個人與他的行為分開處理。」

通常聽到這樣的說法時，有的學生會提出疑問：「把個人從他的行為裡分開來？真是蠢啊！如果有誰犯了錯，那當然是不做二想的把他開除啊！」

這位講師想強調的是，做錯事的人並不一定是壞人。舉例來說，你不應該這麼訓斥員工說：「你真是蠢啊！」員工聽到這樣的訓斥之後，又如何從這次行為中修正自己？還是你有吃了就可以變聰明的藥丸，可以讓員工服用之後就變得更聰明？

其實，你應該對犯錯的員工這麼說：「你交上來的報告無法達到我的要求。」員工聽到這樣的訓斥，就能夠了解，他們還有需要改進的地方。

你不能這樣訓斥員工：「你簡直是瘋了！」而應該換另一種說法，你應該這樣對犯錯的員工說：「你這個星期遲到了四次哦！」這樣員工才能夠了解，自己必須要有所改善。

神學家將這樣的對話方式視為「將壞的部分，從更壞的那塊區隔開來！」我還曾將這樣的定義當成是一個十分愚蠢的想法呢。

但這並不是愚蠢的想法，因為，在那之後我不僅接受這說法，而且還身體力行。

我所認識最糟糕的人

我認識一個人，他做過所有你能想像得到荒謬可笑的事！你可能不相信這傢伙的愚蠢行為曾經傷害我，並影響我的事業甚至家庭。但是我通常很快就忘掉甚至寬恕他的愚蠢行為。我總是告訴自己，這些只是他所做的一些行為，但不代表他這個人就是如此，我的意思是，他其實是個好人。

到底這是誰？

沒錯！就是在下！

想想看，我們可以多快忘了自己不好的行為？要把我們的行為與自己加以區別，會是一件很困難的事嗎？我們是否可以像在短時間內就原諒自己一樣去原諒別人？

寬恕是愛的一項特質。所以整個問題就變成是：我們有可能像愛自己一樣去愛別人嗎？請記住，這裡用到的愛是一個動詞，而不是我們自己的感受。**事實上，有時候我很討厭自己的公司，但是，我仍然一樣努力追求公司的遠景**。愛就是守望他人，同時多為別人設想，就如同我們對待自己一樣。

發展寬恕這項特質（技能），還有其他方面的好處。當我在寫這本書時，《今日美國》的頭版標題恰好是「什麼能讓人快樂？」（What Makes People Happy?）。這篇報導討論了最新公布的一項關於如何讓人快樂的研究報告。密西根大學教授克里斯多夫·彼得森（Christopher Peterson）指出，寬恕是通往快樂的要道。**「寬恕是所有美德之母，但也是最難獲得的美德！」**

領導人必須具備誠實的美德

誠實的定義是：「凡事不欺瞞。」

很少人會懷疑，誠實與正直是成為一位成功領導人必備的基本特質。多年來的研究調查顯示，誠實與正直也正是人們希望他們的領導人所必須具備的特質。

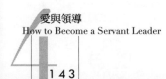

如果你不相信誠實與正直是成為一位成功領導人必備的特質，那麼，你可以問問自己這樣的問題：「你會與自己不信任的人保持良好的關係嗎？他們還能在某些方面啟發你嗎？」

信任是維持兩造關係的良方。如果我與內人彼此之間完全沒有信任的話，那麼，我們兩人之間的婚姻（或是稱為組織）就沒有存續下去的理由了。如果沒有了信任，整個組織就形同一盤散沙。那麼，應該如何建立起彼此的信任呢？要讓自己成為一個值得信任的人，唯有在行為上展示出誠實與正直，這才能獲得他人的信任。

我遇過太多的企業執行長，他們口口聲聲談論著信任，但是他們的行為卻完全背叛了自己的言論。對於這些執行長而言，他們的行為在時間的考驗下會一一現形。員工們可以看到這些執行長們常常舉行祕密會議、一大堆的工作規定、某些辦公室只讓某些特定的人員進出，甚至不對外發布公司的財務營運報告（也包含員工薪水的訊息）等。

常常有人把整個企業組織比喻為一個家庭，但我們卻常常在企業中見到資遣或開除的動作，而這樣的行為都是在接近下班的時間進行的，最主要的目的是不想引起太大的騷動。而在這樣的行為之後，整個組織裡會有幾天呈現一片死寂的氛圍。因為公司最重要的資產又消失了，而且沒有任何高層出面說明。你可以想想，在一個家庭中，如果開始有人沒出現在晚餐桌上，竟然沒任何人出面說明，只留下一句話：「爹地跟約翰取得共識，約翰必須離開這個家。」你能接受這種情況嗎？

誠實以及免於被欺騙，最主要的關鍵在於讓員工可以為自己的行為負責。如果我們沒有辦法這麼做，我們的領導就不是發自誠實，因為激發員工的潛能是身為領導人的責任。如果，企業無法負起為員工規劃願景的責任，那也是一種欺騙行為。下一章中，我們會針對責任，還有它對於領導的重要性，進行深入的討論。

誠實的另外一種面目，是組織中很少被談論到的部分，也就是一些表裡不一的言論，比方說是八卦消息、背後中傷、或是搞小團體。這樣的行為在整個美國企業裡屢見不鮮，就好像是只要你有了工作，就等於也握有可以去陷害別人、打擊別人士氣的執照。這能算是誠實的行為嗎？

小團體是一種具破壞性的二人或二人以上的聯盟，這些人企圖分裂組織，或是聊一些無關痛癢的事情，卻從來不曾提出有建設性的議題討論。這種行為對於整個團隊以及誠信具有十分可怕的毀滅性。

我常常告訴那些表裡不一的人，他們的劣行就等於一方面對外宣稱自己在減肥，但是，一方面嘴裡正吃著雙份起士的巨型漢堡，同時還喝一杯濃巧克力一般。他們這樣的行為是在損害自己的性格，而且所有員工也都會觀察他們的行為。

溝通以及信任

信任感的建立需要付出努力。

以同理心的方式傾聽對方的談話，是建立彼此信任的好方法之一，關於這部分，我們會在下一章深入探討。另外一種足以載舟也足以覆舟的方式，就是藉由言辭進行溝通。人們常用來溝通的四種方式是：積極型（aggressive）、被動型（passive）、被動反抗型（passive-aggressive），以及肯定型（assertive）。

積極的人往往都是開放而直接的，但有時卻可能在溝通過程中侵犯到別人的權益。被動的人就像門前踏墊，老是被踐踏或是被占便宜。以這兩種方式進行溝通很難與別人建立起相互的信任感，因為這兩種方法都欠缺尊重。

最常見的溝通方式，就是被動反抗型的溝通方式了。這種間接的溝通方式包括了譏諷、無言的抗議、心理戰、玩弄手腕、祕密的議程，還有其他可能危害到彼此之間信任的溝通方式等。被動反抗型的溝通方式在本質上雖然屬於較被動的行為，但還是可以將訊息傳遞出去。這種人為操縱的間接表達方式，同樣也可能對雙方彼此的互信造成極大的損害。

最正確的溝通技巧是肯定型的方式。肯定型溝通方式與積極型溝通方式類同，同樣是開放、誠實，以及直接的溝通方式。但它和積極型的不同之處在於，肯定型溝通方式不會在溝通的過程中侵犯到別人的權益。一位肯定型領導人不論事實是好是壞，他都會說實話。他們的行為不但是開放的、直接的，同時也是十分尊重他人的。

在我認識的企業領導人之中，有不少人會將自己的不佳表現，或一些企業重要事件如裁員或資遣的事實隱瞞不提。事實上，你怎麼也想不到，你的員工其實都承擔得起這樣的事實！他們每天在工作中面臨的關卡，可能比這些還要困難許多！

以率直、坦誠的方式說明壞消息，是建立信任的一個良好時機，採用這種直接的方式表示你是值得信賴的，因為你會直接了當說明，不會隱瞞任何事實。這就是我們所談論的正直。

正直（integrity）這個字眼與數學裡的「整數」（integer）是來自同一個字根。整數就代表整個數系。試想正直就是在思想、言談與行動間取得完全一致性。正直所代表的，就是一個人在公眾場合，或自己一個人獨處時，他的行為都是一致的，也是可預測的。甘地曾這麼形容：「一個人絕不可能在人生的某一方面都做好事，而另一方面卻壞事做盡。一個人的生命是一個不可分割的整體！」

領導人必須具備守信的美德

守信的定義是：「堅持你所做的選擇。」

我自認**守信是一位領導人最應該擁有的特質**。我之所以這麼認為，最主要的目的在強調，只有當領導人具有堅定的意願及守信，才可能完整地具備本章描述的各項特質。

我發現一位成功的僕人式領導人，他們不論做什麼事，都是一樣的守信（投入）。身為僕人式領導人，為了個人及組織的持續性成長，必須具備守信及熱情。當你要做某一件事時，需要有熱情來支持你的行為，然後一步步實踐你的承諾，同時執意完成你所設立的目標。這其間更需要堅持的熱情，去協助其他人在這過程中發揮最大的潛能。事實上，一位領導人並不能要求別人一定要發揮自己最大的潛能，除非他們自己願意承諾將盡一切努力做到最好。

守信同時也意謂著必須對同一團隊的人表現出自己的忠誠，協助團隊中每一個人發揮自己的潛能；而當有人失敗，或是需要依靠時，你都能從旁協助。但是守信不是盲目的愚忠，因為，只要你做了正確的選擇，這其實就等於是一種忠誠的表現。

有一次，某個企業的執行長對我說：「當其他人要求我們做好事時，他們便要求我必須正直；而當他們要我做壞事時，他們卻要求忠誠！」

這真是一件十分悲哀的事啊！

守信是要一個人用道德勇氣，不顧交情或約定，做出正確的抉擇。道德勇氣是一個人的內在力量，傾聽自我內在良知與意願行事，不管事情是否能被認同或具有潛在的危機。道德勇氣是在解決窒礙之前、在「做出正確的抉擇」之前，面對任何事情的最佳良方！

馬丁．路德．金恩博士將道德勇氣視為最崇高的表現，他曾說：「對於一個真正完美的人而言，要試煉他是不是個具有道德勇氣的人，不能只就他在面對安逸、舒適的環境時的表現而定；應該要從他面對逆境以及一連串的挑戰中，開始對他的試煉！」

弄假成真

有些經理人向我抱怨，若是他的工作夥伴裡有些自己不喜歡的人，那他該怎麼做才能讓自己也能「愛」這些人啊？

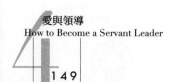

我的回應十分簡單：「弄假成真！」別管自己的感覺，你只要多多練習「愛」的行為（領導）就夠了。

知名的小說家路易士曾說過：「別老是花費心血，想著你自己到底有沒有那麼的「愛」著你的鄰居。你可以假裝很愛你的鄰居，只要你可以做到這一點，你就會發現一個祕密。**當你表現得像是你愛著某一個人時，結果將是你真正愛上這個人！**」

不久之前，我接了一個案子，我必須向這間公司的八十幾位管理階級的經理倡導我的理念。當我的課程進行到有關「愛」的時候，一位年輕的女性舉手要求發言：「我知道了，我了解你在這裡幫我們上課的原因了！你最終的目的，是要每一位在場的同事都能開始多喜歡對方一些，是不是這樣？」

「不，這不是我的本意！」我很快地回答她的話，「我並不是要你們彼此多喜歡對方一些！我是要讓每一位在場的同事都能多『愛』對方一些！我對於你們彼此間的感覺沒有太大的興趣，但是我對於你們彼此間的互動則有很大的興趣！請把那些彼此的感覺忘卻，把注意力集中在我們應該如何與他人應對進退吧！妳馬上就可以發現，感覺也會跟隨上來！」

5 愛與罰

How to Become a Servant Leader

我愛你……你知道我有多崇拜你。但現在是你在公司表現最糟的時期，我知道你可以做得更好！但如果你不能解決當前的問題，我還是會開除你！

——傑克・威爾許對傑佛瑞・伊梅特（Jeffery Immelt）的談話

管理學大師彼得．杜拉克曾被問及，如何定義在職場工作的人們所應有的技能。他的回答十分地簡明扼要：「好的禮節。」

本章中，我將針對前一章提及的兩個特質做進一步的闡述。這兩個特質就是恩慈（kindness）與誠實（honesty）。若以職場的角度來看，也可以解釋成與別人**相處的技能（people skill），以及責任感（accountability）。就我個人的經驗來看，多數的經理人在面對這兩項特質時，常常會失去平衡。**

我常常收到來自全國各機構的人力資源部門主管的來電，在電話裡他們的語氣多半充滿了挫折感，聽起來十分無助，「杭特先生，求求你快來幫助我吧！我們公司的主管只要一接觸到與人們相處的技能，就完全不知所措！麻煩你為他們多上一些人際關係技巧的課程，我們真的需要你的協助！」

當我接到這類型的電話時，我都是以這樣的方式回話：「貴公司的主管，其實在人際關係的處理上，已經十分純熟了。」

接下來，電話聽筒另一方出現一陣靜默，然後，接著來了一個問題，「你怎麼可以這麼說呢？你連我們公司的員工都不認識，你從來沒有到過我們公司啊！」

「沒錯！」我立刻接著他的問題回話，「但我可以用你的薪水來打賭，我可以讓貴公司那些『無法處理人際關係』的經理表現出他們最真實的一面，如果我會帶領他們參加一些重要場合，如雞尾酒會，或是十分重要的訓練課程，在那些聚集重要人士的場合裡，你就可以看到那些本來對於人際關係一點也不在行的經理，是如何展現出動人的性格、相互的尊重、親切地與他人打招呼等等，你們公司的主管其實都知道在什麼時候該有什麼樣的行為。**他們唯一的問題是，無法在一些不重要的人面前也展現出自己在人際關係上的處理態度。**而貴公司也一再容忍這樣的行為橫行於公司裡，我想，這部分才是貴公司真正的問題所在。」

我絕對贊成每一間公司這麼做：當他們面試一位新人時，在現場以錄影機把整個面試實況錄起來，如此一來，當這位新人工作一、兩年之後，再播放當時的影片讓他觀賞。「嗯，大衛啊，這位出現在畫面中的人不就是你嗎？看看當時的你啊！在面試當天你對於人際之間的處理方式是多麼完美啊！如果你再仔細觀察，你看！當時的你臉上還掛著笑容！看吧！我們知道你可以做得到的！我知道你早已具備這樣的技能！但是畫面中的這個人，現在到哪裡去了？」

當我指導一些表現比較嚴肅或遲鈍的經理人時，我會這麼告訴他們：「你可以假裝你是個十分仁慈的人一段時間！我知道你可以做得到！我大可以詢問那些在過去曾被你喜愛或企圖取得好印象的人，當你表現恩慈時，是什麼模樣？我想他們應該會跟我說，『你是個多麼溫馨、可愛、心腸好、又有禮貌、懂得聆聽別人的談話，也會為別人設想的人。』這樣的你，是多麼完美的一個人啊！現在的你身為領導人，我們只是要你把過去的模樣重新找回來而已。」

卡佛（George Washington Carver，美國農業化學家和實驗家）也認為我們應該仁慈待人，「生命的深刻與否，取決於我們對待他人的態度，取決於我們能否照顧幼者、關懷長者、體恤受苦的人，包容弱者與強者。因為，你在自己的生命中都可能扮演到這些角色。」

你正在傾聽嗎？

在第四章中，我們對於恩慈的定義是：「對周遭的人付出關心。」每一天中，我們都有很好的機會去**表現對於他人的關心**，而這樣的方式，**就是選擇去傾聽別人的話**。

你是一位好的傾聽者嗎？很多人都自認可以成為一位優秀的傾聽者，但是事實上並不然。就多數的人而言，即使他們願意專心傾聽他人說話，其實也是選擇性的傾聽，而且心中可能還有這種念頭：「鮑伯到底什麼時候才會停止他的談話，好讓我有機會發表我的意見？」或是「我兒子要講到什麼時候才會停下來啊？我還想跟他講述我這老爸輝煌的過去耶！」有的時候是這樣：「等一下我該怎樣接話，才可以把整個對話轉接到我想要表達的部分呢？」

威爾．羅傑斯（Will Rogers）曾這麼說過，「要不是因為下一個輪到我們發言，我們才不會注意聽別人說話呢！」我不知道這樣的理論是真是假，但是我深信上帝給予我們一對耳朵以及一張嘴是有其用意的。

以同理心傾聽對方的談話是一種技能、一種紀律，讓你可以設身處地為別人著想，以說話者的立場來思考、以說話者的立場來感受。這需要排除心中的雜念，全心專注在這位與我們對話的人的談話內容之中。以同理心傾聽對方的談話是一項很困難的技能，這需要花費極大的心力才能做到。

傾聽是對待別人的一種態度，這種態度能促使我們願意仔細傾聽別人的談話，更加深入地了解他們，同時也可以學習到新事物。想想看，有人能夠在自己說話的同時，還能學習到新事物嗎？以同理心傾聽對方的談話，也是與別人建立互信的一帖良方。

羅勃．葛林里夫曾經說過：「**當一個人想要成為僕人式領導人時，可以藉由長期致力傾聽對方談話的紀律訓練之後，在本質上成為一位自然的僕人式領導人**。而這項紀律規誡著我們，當別人與你對話時，你第一個自然反應，就是持續傾聽他的談話。我曾看過不少人有著這方面的改善，而他們所接受的訓練使得他們對這樣的方式具有信心。因為，他們知道，這是良好溝通的最有效方法。」

曾有一個關於管理的古諺是這麼說的：「領導人的一舉一動都會傳遞出一個訊息。」試想看看，經由仔細傾聽，讓別人知道我們看重他們。當我們不再傾聽別人談話時，我們還是會傳遞一些訊息出去，但是，這樣的訊息就不可能讓我們有所學習以及成長了！

然而，好消息是，以同理心傾聽對方談話的技能，可以藉由時間的磨練來獲得。良好的傾聽習慣並不是與生俱來的技能，如果你不相信這樣的論調，那麼請捫心自問：「你曾遇過兩歲大的孩童能乖乖地聆聽你的教誨嗎？」

人類彼此之間最佳的互動行為，就是感同身受，這才是真正的傾聽。**當你傾聽對方**

談話時，並不代表你必須完全同意他們所說的內容，而是試著深入了解對方，然後看看彼此是否能取得共識。喬絲．布萊德（Joyce Brothers）博士曾說過，傾聽他人說話並不是模仿，而是一種最真誠的取悅。

當我與一群企業執行長討論到工作的紀律以及同理心與傾聽時，我會讓他們與一組員工進行互動練習。而他們最主要的任務，其實只要專心傾聽這些員工內心所想表達的心聲。他們不需要為自己或企業找任何藉口辯解，或是做出結論。他們只須詢問員工，有沒有什麼是容許他們能加以澄清的，而對員工的所有回應都留在下一次會議。

這樣看似簡單的練習，其實背後的意義十分重大。很多員工在結束之後都有這樣的評語：「老天！我內心裡的大石頭終於放下來了！」或是「這是我頭一遭與公司最高層經理人之間最成功的面談！」請記住，這些經理人什麼問題也沒有解決哦！他們只是按捺住自己平時可能表現出來的情緒而已。而這樣的體驗，卻是員工或是這些高層主管從未有過的學習經驗。

傾聽的技能對於發展良好的人際關係也是十分重要的。美國知名的心理學家卡爾．麥林格（Karl Menninger）這樣形容傾聽的藝術：「傾聽是一件相當吸引人，同時也十分怪異的事，它是一種創造力。**懂得傾聽對方談話的人會讓我們主動接近，我們只會想要與這樣的人成為朋友。**」

過去的我很討厭參加那些無趣的社交場合，直到有一天，一位朋友給了我很大的啟示，這啟示讓我的一生有了很大改變。事實上，只要你處於人多的場合，這個方式就十分有效。它可以讓你的壓力一掃而空。

你準備好要接受這個充滿智慧的建議了嗎？

別老是想著該如何融入這樣的環境裡，只要試著融入其中就好了。

這句話對於每一種場合都十分地貼切適用。

責任感

我常常會詢問參與研討會的經理人這樣的問題：「如果你不曾要求部屬必須為公司所設定的標準負責，你還覺得自己是一個誠實的主管嗎？」

多數的人都會回答：「不會！」

事實上，如果我們無法讓部屬對工作負起責任，那麼，我們就有可能會成為騙子或是小偷。這樣的說法會不會太誇張？當我們無法讓部屬負起工作責任時，我們就等於偷竊了公司所發給的薪資，因為公司支付薪資給我們，就是希望我們能讓部屬成為負責的人。不只如此，我們可能還會誤導別人錯以為一切都沒問題，事實上，問題大了。請記住，誠實最重要的就是要避免欺騙的行為發生。

當經理人無法使員工負起責任，誰能從中得利？當然不會是員工了。因為對員工來說，離開這樣的工作場所比留下來還要好。因為員工變得像經理一樣不誠實，整個公司也不可能從中獲利，只有競爭對手可能漁翁得利。在這樣的過程中唯一可能獲利的人，也只有經理人了！因為他們不必處理它，而且可以避免爭論。

這些經理人的心態，是多麼的自私以及不誠實啊！有時候，一個誠實的領導人也可能做出像這個自私經理人一樣的行為，讓所有員工對於領導人所說的話都大打折扣，「我在這間公司已經十年，我一直是上司稱讚的對象，然而你卻要說我是一個糟透了的員工？我想問題是出在你的身上吧！」

試想看看，你為了沒有正確對待部屬，並使他們負起責任這件事找過多少藉口？這些藉口就像是「比爾有可能會辭職，現在又很難找到適任的人選」或是「蘇真是一個好人啊，在很多方面也有很大的幫助」、「彼特是個容易受驚嚇的人」、「每次我一試著要給予吉娜一點意見，她就會表現出自我防禦的態度」，這樣的藉口還有很多。

小孩子也跟成年人一樣，他們也都希望了解做事情的界限或期望是什麼，以及如何對正確的行為及行動負責。我知道生活中必須要有磨擦，至少我的老婆就天天給予我這樣的機會！我知道我的老婆十分愛我，她會如此只是希望能激發我發揮自己的潛能。當領導人無法滿足部屬在這方面的需求時，這就如同搶奪了他們最迫切需求的事物。

當我們無法讓部屬自行負責，或是激發他們的潛能時，絕不要以為我們是在幫助他們。以父母親為例，如果孩子們將來成長之後，變成十分平庸的人，你會覺得高興嗎？如果我們要求小孩只達到最低標準，這算是幫他們嗎？還記得文思．隆巴迪曾這麼說過嗎？「我對於球員的愛是冷酷的。」如果我們希望避免實際表現與標準出現落差時所引發的爭議，我們就不須強調自己有多關心自己的球員（部屬）。

我常常對經理人說，如果你的部屬表現不佳、違反公司常規，或是不負責任時，你應該覺得自己受到污辱！為什麼呢？因為你的部屬一點也不期望你能幫助他們什麼！這是對領導人不尊敬的最直接表現。當員工不能達到組織的標準時，你的員工希望你也能跟他們一樣，成為一個不誠實的人。

美國前國務卿鮑爾將軍曾這麼說過：「如果你在面對困難的抉擇時一再拖延，盡量不得罪人，對待每個人都平等，不因其貢獻而有所差別；那麼，你將發現組織內那些最具創意、生產力的員工將紛紛離開，這是多麼諷刺的事啊！」

我們之所以會訓練員工，最主要的原因是我們關心他們，我們想要激發員工的潛能，這也是身為領導人的職責。請記住，這就是身為領導人所「簽下」的責任。碧唇（Blistex）護唇膏的執行長理察．葛林（Richard Green）曾調侃地形容，「不開除不做事的員工是一件不道德的事！」

我想葛林說到一個重點。想想看，當員工表現不佳時，我們要承擔的風險會有多大？試想看看，不論是沒有遵守承諾，或是無法把事情做好，都將傳遞出負面的訊息給所有注意我們一切作為的人。除此之外，還有很多人，如自己的配偶、兒子、女兒、客戶，或供貨商等等，他們都需要依賴你的公司來描繪他們的未來。再想看看，如果你讓這麼危險的人留在公司裡做事的話，你將讓公司遭遇到多大的危機！

不要有出錯的可能，以商業的角度來看，致勝成功的公式就只有一種：利潤等於收入減去成本。如果沒有利潤的話，公司就不可能生存下來。整個商業市場就如同戰場，裡面會有成功者，同樣的，也會有失敗者。公司有可能會倒閉，員工可能會失去自己的工作，人們的生活也可能會因此天翻地覆。

賭注太大了。

紀律意謂著教導

我已經協助業界導入僕人式領導許多年。其中部分的經驗將在第七章會有詳盡的討論，包括領導人如何認清自己目前的角色，以及所期望達到的標準之間的差距。

在我們定義的領導技能中，最難達到的是，如何讓部屬面對他們的問題並負起責任。

在這麼多年來的研究之下，我深信領導人之所以會有焦慮或畏懼的情形產生，多半是因為他們必須面對一些將成見奉為金科玉律的部屬，而忽略了紀律的真義。

紀律（discipline）這個字的字根是disciple。意思是教導或訓練，這就是紀律的本意。紀律並不是用來處罰或羞辱員工，紀律最主要的用處是在於發現標準以及實際績效間的差異，同時要在這方面發展出一個解決方案，以縮小差異。紀律應該被視為是一個教導員工的機會，使員工能步入正途，同時盡其所能讓員工發揮潛力。即使是領導人足以掌控一切的局面，紀律也不應該是情緒化或善變的。

密西根地區最知名的牧師馬克．玻爾（Mark Buhr）對於紀律的詮釋就十分貼切，「沒有愛的紀律只能算是虐待，但只有愛而沒有紀律，就一點也不是愛了！」

愛與罰

我所認識最有效率的領導人通常具有非凡的能力，他們可以一方面對自己的部屬展現堅定的強悍，另一方面卻又充滿真誠的情感。**當他們要求員工有所表現時，是一點也不會留情的；但他們也能無條件地為員工付出關心與情感。**簡而言之，最有效率的領導人，他一定會在員工最需要關懷時獻出他的愛；同時，在有必要處罰員工時，也會祭出教鞭。

不少的領導人常常會顧此失彼。有的領導人是任務導向的管理者，常常缺乏「柔性管理」的技能；也有些領導人是所謂的好好先生，可以讓每一位員工都十分快樂，但是在處理團體裡的衝突時，又往往不知所措。

奇異公司前總裁傑克．威爾許在這一陣子接受了來自各方不少的責難，但是這絲毫不減他個人對於奇異的偉大奉獻。在他的領導下，奇異為股東創造出幾千億美元的業績，這也成為他個人最為人稱著的功績之一。投資家華倫．巴菲特稱威爾許是「管理界的老虎伍茲」！威爾許先生十分懂得要如何運用愛與罰這樣的領導工具，而這樣的領導風格也成為奇異的傳奇故事。

當威爾許將要退休前，繼任者的挑選讓他傷透了腦筋。當時最後的候選人有三名，威爾許先生分別這麼評論著：「我十分愛他們！」不少人聽不懂他的言外之意，因為這樣的言論不太可能從一個企業的執行長嘴裡聽到。

當時在奇異塑膠事業的傑佛瑞．伊梅特，是三名人選的其中之一，前幾年裡有一年他的表現很差，那時，威爾許先生曾把伊梅特拉到一旁，低聲說著，「傑夫，你知道我有多崇拜你，但現在是你在公司表現最糟的時期……我愛你，我知道你可以做得更好！但如果你不能解決當前的問題，我還是會開除你！」

顯而易見的，今日的奇異總裁傑佛瑞．伊梅特，的確解決了當時的問題。

你可以兩者兼顧

在一九七〇到一九八〇年代早期，美國三大汽車製造商生產了很多品質不佳的車款，當時在底特律最流行的一句口號就是：「品質！品質！品質！」

而在品管圈裡的經理人每天都是精疲力竭，大聲嘶吼著：「你們到底要什麼？品質？還是數量？」

答案到底是什麼呢？

「我們要兩者兼顧！」

這就是重點了！在將近二十五年後，現在的經理人則是這麼嘶吼著：「你想要從我這裡得到些什麼？是好好先生型的僕人式領導人？還是可以把事情辦好的專業經理人？」

我想答案也是一樣，我們要兩者兼顧！

僕人式領導人與專業經理人兩者之間並不是互斥的。最終目的就是要把事情做好，但是在過程中，還是應該與部屬建立起良好的互動關係。為了達成這樣的目的，每一位領導人都應該擁有優秀的技能，而坊間有很多的企業，願意花大筆的金錢聘請擁有這樣技能的專業經理人來為企業服務！

沒錯，你可以兩者兼顧。有效率的領導人有足夠的能力可以處理模稜兩可的情勢，也就是說，他可以同時用愛與罰這兩項工具來激勵員工，達成目標。

領導與愛：總結

每一位員工都應該信任自己的主管，相信他們的主管是可以信任的。有的人稱這是領導的第一則信條，「如果你不能信任傳遞訊息的人，那麼，你就不會相信訊息的內容！」彼得．杜拉克曾這麼說過：「對於一位有效率的領導人而言，最重要的就是要能夠贏得部屬的信任，否則他就不會有任何的追隨者。而領導人的唯一定義就是，他必須擁有願意跟隨他的群眾。」

在今日的企業中，我們耗費了成千上萬的金錢、時間以及精力，為公司建立起精心規劃的企業使命與企業價值宣言。企業使命可以成為組織裡十分重要的目標，但是如果員工不信任領導人，那麼這一切都只是空談。

千萬別忘記：一旦團隊信任他們的領導人，那麼不論企業的使命是什麼，這些人都會完全地信任。

領導其實就是一連串的抉擇。領導是每一天、每一小時，或是每一個選擇，都要做出正確的抉擇，一直到它成為一種習慣。

在企業裡，忍耐、恩慈、謙卑、尊重、無私、寬恕、誠實以及守信都是十分正面的行為，從來也沒有任何一個人與我爭論過這些行為的不是。這些特質都能不證自明，同時也是愛、領導與性格的特質。

有效率的領導人都深知，穩當的性格才是領導的基石，同時，他們在每一天都不斷地勤奮工作，希望能做出正確的選擇，一直到這些成為根深柢固的習慣。有效率的領導人也都了解，他們會因為自己每天所做的選擇，而變得逐漸不同。還記得這則中國的諺語嗎：「如果你不能更改自己的方向，就有可能在最後還停留在原位。」你今天要往哪個方向前進呢？

世界上沒有所謂「human beings」，只有「human becomings」。我們都會成為某些人，正如同農夫常掛在嘴邊的話：「種子種下去，不是完全成熟，就是腐壞。」你可以任選一種形態，因為大自然已給了我們最佳的例子：沒有任何東西可以永遠維持原狀。英國作家路易士的說法就十分貼切：「每當你做了一次抉擇之後，你就跟著轉變一次，此時的你已經不同於轉變前的你。回首自己的人生，在你過去無可計數的抉擇中，你有可能逐漸讓自己變成一位天使，或是成為一位惡魔……我們每一個人都是這樣的，慢慢地往同一個方向，或是往另一個方向前進。」

領導也是一種選擇，當你「簽下」成為一個領導人，就是做了一項選擇。在此之後，我們就應該面對下一個抉擇，我們會好好對待（**此處的愛是動詞，也就是「對待」的意思**）信任我們的群眾嗎？如果你回答「是」，那麼我們就必須做好犧牲奉獻的準備；因為一個人如果無法為他人犧牲奉獻，就表示他不懂得愛別人。當我們為他人犧牲奉獻時，我們就建立了自我的威信（**也就是影響力**）；而當我們在他人身上建立了自我的威信，我們才算是贏得了足以擔任群眾領導人的權利。

最偉大的領導人，其實就是最偉大的僕人，而他願意在這個充滿苦痛的世界裡，致力於滿足眾人所需。

這個世界上有很多偉大的領導人，但不一定得在企業的高層中才找得到偉大的領導人。很多偉大的領導人可能就在你周遭，也許是飛機上幫你倒咖啡的服務員、清理床單的護士、廚房裡的廚師，或是在下班後陪著孩童打棒球的球隊教練。

如何才能成為僕人式領導人？

很諷刺的是，我們在前兩章討論的內容，通常在商業圈裡被稱為「軟性技能」。事實上，**學習管理技能遠比發展這些所謂領導的軟性技能來得容易許多**。

對一般人而言，要教會他們看得懂資產負債表，遠比要讓他能以同理心傾聽他人談話來得簡單多了，特別是當這個人過去完全不重視傾聽。同樣的，要教導經理人關於資產管理的技巧是一件很簡單的工作，但是要他激發部屬的責任感卻是難上加難，尤其是當這位經理人過去完全不重視這件事時。下面兩件工作，你覺得哪一件比較困難？讓專業經理人了解「六標準差」的品質管理系統？還是要求一位在過去二十幾年已習慣於「命令—控制」的經理人，要他展現耐心以及謙恭的一面呢？

你還覺得這只是軟性技能嗎？

這可是十分困難的技能啊！

我們在前五個章節裡定義了一位好的領導人所應該具備的特質，當然，這是一個十分崇高的標準。但我深信你一定同意這些我們所討論過的內容，因為這些原則其實都是顯而易見，同時也都是雋永的。

但只憑理性上的認可是不夠的，你可以回想一下本書在一開始所強調的部分：腦袋裡的知識如果不能應用在生活中，也只是沒有用的理論而已。想要成為一位僕人式領導人，所必須花費的心力雖然相當龐大，但這目標終究還可以完成。

在本書接下來的部分，我會進一步詮釋，要成為一位僕人式領導人所必須經歷的每一個步驟。重要的是，此刻我們已經了解如何成為僕人式領導人的技巧了。

剩下的問題是，你是不是已經準備好面對這一切的挑戰？

6 人性

How to Become a Servant Leader

在人類的心靈中，有兩件事亙古彌新，而且令人心生讚嘆與敬畏……那就是繁星夜空，以及道德法則。

——德國哲學家　康德（Immanuel Kant）

在討論人們如何改變、建立自我的特質，以及成為有效率的領導人之前，我認為我們應該先了解人性，以及在通往改變與成長的路上可能遇到的障礙。認知（awareness）以及覺醒（insight），是改變的重要關鍵要素，我們會在之後詳盡討論。

這些年來，我一直在世界各地傳遞僕人式領導的原理：從美國到澳洲、從墨西哥到英國、從加拿大到新加坡，在這麼多場次的研討會中，我未曾遇過有任何人反駁我所提出愛與領導的八項特質。就如同我在本書中一直強調的，僕人式領導是不證自明的。我深信之所以有這麼多人能認同這些特質，以及這些特質都能不證自明，一定有其原因。為了更進一步了解人類的本質，以及僕人式領導特質的普遍性，我認為必須先對價值、道德、規範的相對論以及亙古不變的原理加以區別。

讓我們從這裡開始……

價值、道德以及規範

用較為寬鬆的標準來下定義，價值便是我們考慮或評比一些較重要事物的依據。什麼理念或行為是一個組織應該信奉並重視的，就是價值觀。而不同組織的價值觀可能有極大的差異，試想看看三K黨、紅十字會、飛車黨組織地獄天使，或是羅馬天主教會等組織。每一個組織或個人都有不同的價值體系，雖然某些組織的價值觀有些不當，但大多數組織所擁有的價值觀卻可以引導或改善一個人的行為。

同樣的，道德與倫理也是一樣，它本身就包括了對與錯的標準。道德方面的議題往往與正確的理念或行為的標準有關，同時，道德的判定往往也是基於宗教或文化方面的信念以及實踐而定。

這個世界是一個多元化的整合環境，不同的文化之間，當然會有不同的「對與錯」的道德、價值標準，這些道德以及價值所含括的範圍可以從種姓制度，到訂定一個男人可以與幾位女性結婚的規範；從宗教上的聖牛到指腹為婚；從在非洲剛果地區的裸露到穆斯林國家的女性服飾等等。由這些我們可以很明顯地看出，合乎某個社會道德標準的行為，有可能在另一個社會就成了不道德的行為。

一個文化的道德標準會隨著時間的不同而有所改變。這一點我們可以從美國在過去一百五十年來的演變就可窺知一二。美國從當初的奴隸制度，一直到美國第十三項憲法修正案廢棄奴隸制度；從「男性參政權」一直到美國第十九項憲法修正案；從酒類禁制令到美國第二十一項憲法修正案廢除禁令;從種族歧視到一九六四年實施的民權法案。

規範，可以定義為已被接受的行為標準，而且這套標準還能成為一套符合我們的道德、價值以及責任的系統。

重新檢視我最初的論點。我未曾遇過任何人反駁我所提出八個「愛」以及僕人式領導的特質。你能想像，在某次研討會中，會有某位聽眾舉起手發言：「我不認為誠實是一個被認可的特質！」或「尊重還有恩慈，並不是一項適當的行為標竿！」甚至「讓人們有責任感對整個組織並無好處！」

總而言之、價值、道德以及規範在不同的文化、或不同的時間裡有極大的差異存在。但是，這是原則，而且是不證自明的原則。我們必須了解的是，為什麼這些原則能夠不證自明呢？

原則

我對於原則的定義是「廣泛而基本的規則」。不同於價值、道德，以及規範會隨著不同的文化、或不同的時間而有所改變，原則是永遠不變的。

通常，我們稱適用於宇宙的原則為「自然法則」（law of nature），如物理學、地質學，以及化學等科學。

同樣的，「人性法則」（laws of human nature）則是應用於自然法則中主管人類的效能（effectiveness）以及導正人類的行為。其中的差別在於，人類無法違背自然法則（如重力），但是我們卻可以違背人性法則。

我們選擇偏離人性法則的程度，也就等於我們偏離了航道、停滯不前的程度。拍攝電影《十誡》（*The Ten Commandments*）的美國知名導演西索．德米爾（Cecil B. Demille），他個人對於《十誡》裡隱含的意義有其獨到的見解，「人類不可能違背這樣的法則。我們只可能犧牲自己而已！」

我相信一定有很多具體的例證足以支持以上的言論。

試想一下，如果我們身處的世界是我們先前所說的，一個沒有耐心、沒有禮貌、自大、自私、毫無尊重、沒有原諒、不誠實，同時一點紀律都沒有的世界，你想要生活在這樣的社會中嗎？

如果你曾研讀過《聖經》、亞里斯多德的《尼科馬可倫理學》、《可蘭經》，或是孔子的《倫語》，那麼，你可以從這些著作中看到這些基本原則：正直、尊重生命、自制力、誠實、勇氣、守信，以及自我奉獻。由於文化不同，我們或許在男人可以娶妻的人數上有所爭議，但我相信絕大多數人都會同意這一點，那就是，一個男人絕對不能迎娶別人的老婆入門！

事實上，世界上所有宗教都支持信徒們重視人類生存的原則。神學大師史密斯（**Hudson Smith**）在代表作《人的宗教》（***The Religions of Man***）中後記的部分，對於世界上最為知名的幾個宗教間的相關性有著極為深入的討論，同時他也做出結論：就某個十分重要的觀點來看，其實世界上最為知名的幾個宗教其本質都是一樣的。也就是說，所有偉大宗教都有一個共同點，就是它們都存在著某些「黃金定律」。

我們希望領導人如何對待我們？我們希望遇到的領導人，是一位恩慈、謙卑、尊重、無私、寬恕、誠實，以及守信的領導人嗎？這應該是肯定的！因此，適用於領導的黃金定律存在著一項偉大的智慧，那就是：我希望怎樣被領導，我就應該怎樣領導他人。

金恩博士對於這條人性的法則，曾有這番詮釋：「道德世界裡存在著與自然法則類似、且必須被服從的非成文法則，它告訴我們，生命只會依某些形式運作。希特勒或是墨索里尼雖然曾猖狂過，在那段時期他們也曾獲得屬於自己的權力，但是沒過多久，他們的權力就被推翻，正如同被割下來的雜草一般，馬上又成為大地賴以成長的肥料。」

現在，我們應該思考一個問題：如果我們都同意這些人類行為的標準，那麼，為什麼我們又常常選擇在行為上違背這樣的標準呢？

為了了解這個問題的答案，我們有必要再更深入地探索人性、道德意識以及性格。

人性

暢銷書作家、同時也是心理學家史考特．派克（Scott Peck）曾在某次研討會被問道：「派克博士，請問什麼是人性？」

依派克博士個人的習慣，當他被問及某一個問題時，他會把這個問題當成是自己第一次被問及這樣的問題，然後他會望著天花板，深思問題的答案。之後，他取下自己的眼鏡，直接回答：「**人性就是穿著褲子大便**。好，下一個問題！」

當全場聽眾為之震驚時，這位學者開始解釋他方才的答案。

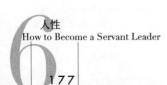

就一個一歲大的孩子來看，不小心拉在褲子上是自然的行為。對於這些孩子而言，父母親教導他們上廁所的方式，是不合常理，也違反自然的，「什麼！媽媽？你要我坐在那個巨大又冰冷的白色怪獸上做什麼？這是不可能的！媽媽！這樣子一點都不自然啊！」

這是派克博士的論點。身為人類的自豪，或說是人類與動物之間的差別在於，**人類可以藉由教導以及學習的過程，讓一些原本違反人性的事，成為我們的「第二天性」（second nature）**。你每天早上起來會刷牙也算是天性嗎？你最近曾看過什麼動物在早上起來會刷牙的？閱讀還有寫作又算天性嗎？表現出良好的禮節，為別人多設想，這也是天性嗎？事實上，當我們規範自己做任何事時，這些事就不是我們天性所為，這些事情就是我們的「第二天性」。

不同於人類，動物則是以本能行事。當動物接受來自環境的刺激時，它們就會依照自我的本能做出反應。當然，動物也有可能學會一些條件式的行為模式，並且會重覆這樣的行為模式，這也是我們在海洋世界裡可以觀賞到海豚跳鋼圈的原因。但是海豚卻無法累積學習心得，我們不確定海豚是否知道自己在做什麼，牠們只知道跳鋼圈就有魚吃。

當此同時，北美的帝王蝶正從美國的北部以及中部遷移到墨西哥市的山區避寒。據了解有些帝王蝶還可以飛到高達兩千哩的高度！這可以稱得上是一項壯舉。我有點不解的是，一般人在聽到這樣的移棲壯舉之後，內心會為之感動，並聲稱這樣的行為是「帝王蝶的智慧以及榮耀」。

為什麼北美的帝王蝶會遷移到墨西哥市的山區避寒？因為這就是帝王蝶的天性！因為它們完全沒有選擇目的地的自由。帶頭的帝王蝶不可能在某一年詢問牠的夥伴：「喂！夥伴們！今年我們飛去聖塔芭芭拉（Santa Barbara）就好啦！不用去墨西哥市了，好不好？我們好久沒有看到海洋了！」如果牠們可以做選擇的話，那麼密西根州的藍松鴉就可以造出與加州的藍松鴉不一樣的巢了！我要再強調一次，動物是沒有行為上的自由的！

不同於動物，人類的行為就不會完全被本能所桎梏。事實上，人類的行為很少出自自然本能。甚至人類所擁有的少數本能，比方說是生存或生殖方面，還有可能被殉教者、或單身主義者加以放棄，以做為自己超越世俗的證明。

人類被賦予了一些獨特的才能，如想像力（imagination）、自由意志（free will）、良知（conscience）、還有自覺（self-awareness）等等。人類有獨特的能力，可以「深思自己的處境」，甚至還能改變自己的天性。事實上，人類有獨特的能力可以選擇當一個不同的人。試想擁有這樣自由選擇背後的責任。當人類必須面對這樣的抉擇時，他就有必要決定自我未來可能的改變，以及這樣的行為將對自己的生活帶來何種影響。

在經典電影《非洲皇后號》（*The African Queen*）中最為人稱著的一幕：亨佛萊．鮑嘉（Humphrey Bogart）所扮演的查理從甲板下爬出時，的確營造了不錯的笑果。為了掩飾自己昨晚酒醉的事實，查理對蘿絲（凱薩琳．赫本飾）宣稱，他的這些行為其實都是出自於自己的天性。蘿絲怒視著他，並說道：「天性？查理啊！天性是我們養成的！」

更多人性的描述

多年前，我個人參加了一場大型的領導主題研討會，會中由某位知名人士進行專題演講。

這位演講者在他的演說結束前說了這麼幾句話：「達賴喇嘛教導我們，人性的本質就是良善（goodness）。在我們人生的旅程上，可以將這句話當成是自己的座右銘。」

此時，所有的聽眾爆起熱烈的掌聲，但是，我卻一個人在整個會場的後排納悶著，心想接下來是不是應該由保羅．哈維（Paul Harvey，美國著名的無線電台評論員）上台，把方才那位演講者未說完的部分補齊？

人性的本質就是良善？

從人類的歷史來看，在二十世紀之中我們就可以看到很多例證——光是那些獨裁者，像是希特勒、史達林、毛澤東，以及波布政權所殘殺的人類總數就達到了一億人之多！請問各位還認為良善是人性的本質嗎？不久之前的九一一事件，這也是一個令人印象深刻的例證！事實上，我可以不加思索地認定，人性除了良善，還有其他的本質。我有個兩歲大的小孩，他的一切行為就是唯我獨尊，我老婆可以告訴你一籮筐這個小暴君的惡行。正如路易士之前所說過的，人類有可能成為天使，也有可能成為惡魔。我們會成為哪一種人，完全看我們的選擇而定。

東正教向來主張人性本惡，以此所延伸出的就是所謂「人類貪婪的教條」以及「原罪」等。

但是引人深省的是，近代不少學者，不論是心理學專家、哲學家，或是社會學家，從他們的研究中我們可以發現，多數的研究其實都指向同一個結論。在討論九一一事件的殘虐行為之後，喬治城大學臨床心理學教授勞勃・賽門（Robert I. Simon）指出：「魔鬼的活動範圍就是人類的宇宙空間。在這個世界上有所謂連續惡行的存在，從一些顯而易見的行為，如造成馬路交通的阻塞、偏見；再推衍至最重大的罪行，如連續性侵殺人犯等等。其實這些念頭都是從人類的內心萌芽的。」

一般人往往對於如此邪惡又扭曲的人性，像是希特勒、波布政權、海珊或史達林等歷史人物的罪行感到震驚。但是就我而言，我們對這些人類的脫軌行為應該不須感到任何驚訝了，因為我們在自然的生態環境中，早就看過了這一些殘虐、異常，乃至於變態的行為。我們該感到震驚的是，為什麼這些暴君可以控制這麼多的人，任其完成這些殘虐計畫呢？

人性本善，還是人性本惡？我們可以從下面這個古老的禪宗寓言故事裡看出。某次有一位粗俗傲慢的武士，要求某位禪學大師向他解釋如何分別善與惡。這位禪學大師一臉不屑地回答：「我才不想浪費時間在你這樣粗俗的人身上。」聽到這樣的回答之後，武士以迅雷不及掩耳的態勢，逼近這位禪學大師的身邊，手裡持著刀，大聲斥喝著：「你敢這樣污辱我，我要把你砍成碎片！」「這個……」這位禪學大師平靜地回著話：「這就是人性的惡。」此時，這位武士彷彿得道一般，立即了解這位禪學大師的弦外之音，「謝謝你的指導，大師！」這位武士十分謙恭地回著話。「而這……」禪學大師說著：「便是人性中的善。」

只要你曾有過與一個兩歲大孩子相處的經驗，你就可以了解，人心的兩面分別是什麼。還記得兩歲大的孩子，他還能有什麼樣的邏輯？「唯我獨尊！」

請多試著思考這個問題吧！

有沒有人從小就教導他的孩子要變成一個壞人？

我們有道德意識嗎？

是的！就我而言，我還是深信，在人類的天性之中，還是存在著判別善與惡的道德意識。

但是，認為人天生具有道德意識與贊同人性本善是兩碼子事。人類對於善與惡的道德意識，必須與其他不同的感官、欲望或誘惑等這些所謂的人性相抗衡。這些刺激可能還包括迷戀、沒有承諾的性愛、對於慾望的執念、權力的累積、財富的增加，或是其他種種天生的欲望。

簡單來說，讓我們的道德意識，與那個凡事都以自己為中心的兩歲大孩童相比較，所得到的結論是，在我們認定是對的以及我們的實際行為之間，正是我們性格養成之處。我們將在後文有更進一步的討論。

最近，我在一間軍事教育機構裡講述僕人式領導的課程，同時也參加一些關於規範的研討會。與會的主持人在會中說了不少有關道德以及規範的有趣機智問題，比方說：「向蓋世太保謊稱，自己家裡並沒有窩藏猶太人，在道德上這算是必須接受懲罰的謊言嗎？」令我驚訝的是，整個會場的與會人士居然都開始認真討論這樣的議題！

當然，這一類的機智問答的確是十分有趣，也相當具娛樂性，但是我並不認為，這樣的方式，除了對道德相對論提供些補充說明外，還有什麼意義。「只要你覺得ＯＫ，我也沒問題！」的消極想法早就成為整個社會的潛藏危機。

事實上，**人生大部分時間面對的並不是道德的兩難。我深信多數人在面對某些狀況時，心中早有了應對的方法了。**在我們的心中，對於善與惡，其實早就有了足夠的判斷能力，而且，我們的良知也會引導我們行事。

那麼，唯一問題就是：我們有決心去做正確的事情嗎？

總結

關於人性，我們可以確認有兩件事是真實的。

第一，人類有獨特的能力可以對外界的刺激做出合乎道德的選擇。我們有能力可以選擇自己的回應（**回應〔response〕＋能力〔ability〕＝責任〔responsibility〕**）。人類可以選擇當不同的人，可以違背自己的本能、慾念，以及外界刺激。人類可以不停地練習某些違反人性的事，直到這些事物成為自我的第二天性為止。

其次，人類有分辨善與惡的能力。但是，人類的行為還是容易往人性這一端靠近，這是我們必須加以抗拒的。我們都知道，一座花園如果沒有好好照顧，馬上就會變得雜草叢生。而「做好事」的決心，必須結合意願以及行為。而想要做好事的決心必須小心地發展及培育，以免日後反而適得其反，成為世界上的大惡人。

值得慶幸的是，只要你有決心，人類的心理特性以及道德力將能提供人類更多的意志、勇氣以及力量，去做正確的事。

經過長時間的發展與強化的道德力，能讓人類將紀律放在自我之前，並超越個人利益以及立即的滿足；道德力足以讓所有在前方的障礙一一臣服，務必使得「做正確的事」成為當前最重要的原則。

關於道德力，我們有一個十分貼切的名詞來形容它。

它的名字就是性格。

7 性格以及人類的改變

How to Become a Servant Leader

領導，便是性格的運作。

——華倫．班尼斯（Warren Bennis）

領導有百分之九十九的失敗，是來自於性格方面的失敗。

——史瓦茨柯夫將軍（General Norman Schwarzkopf，一九八八年波灣戰爭「沙漠風暴」行動中的美軍統帥）

最近幾年來，對於性格（character）這個字眼的探討引發極大迴響。

不久前，曾有許多人就性格之於領導的重要性進行了十分激烈的辯論。有的人甚至宣稱，每一個人的性格其實與領導毫無相關。你覺得這個想法如何？如果你不認為性格足以影響領導的話，你可以捫心自問下列問題：那些性格不佳的人對於你會有任何影響力嗎？他們有可能啟發你的某些行為嗎？你能和那些性格不佳的人建立良好的關係嗎？

近來「性格」這個字被使用的頻率越來越高了，特別是在選舉時期。但性格也是一個常常被誤解的名詞，為了進一步了解性格的真正意義，我們必須進一步區分性格以及個性（personality）兩者之間的不同。

個性

個性這個字是源於拉丁文persona，原始的意思是指在古代希臘劇場裡表演的演員們，臉上所穿戴的面具，同時也是劇中各個不同角色的表徵。**個性在這裡指的便是我們對外呈現給這個世界的樣貌。**

今日多數的心理學家認為，一個人的個性在六歲時就已經發育完全。坊間還有不少量測個性特徵的系統以及工具，可以測出不同的性情（temperament）、性向（disposition），以及關係型態等等。舉例來說，DISC模式就是一套知名的工具，主要針對四種主要關係型態進行量測：D代表主宰型（dominance）、I代表影響型（influence）、S代表穩定型（steadiness）、而C代表責任型（conscientious）。有許多科學理論可以支持這四個主要關係模式的說法，而多數人的個性是由這幾個主要關係之間的複雜組合所構成，其中又以兩個關係型態為主體。而一般人的個性可以從外向到內向、主動熱情或是害羞生澀、A型到B型（A型個性急躁，B型則凡事不在乎）、積極到消極、幽默感到乏善可陳、多變的到保守的、迷人的到乏味的、富挑戰性到息事寧人的，以上這些組合都有可能出現在你我身上。

個性也包含了一個人所展現的膚淺的「社會形象」，如魅力、優雅，或才能。但是，在很多情形下，你看到的跟真實狀況並不相同。我們都知道這世界上有太多人的性格與個性是完全不一致的。在兩千三百多年前，蘇格拉底就曾這麼說過：「在這個世界上如果想要活得有榮耀感，那麼你就應該扮演好自己所假裝的角色！」

個性與領導並沒有太大的關係，因為領導與個人風格（style）無關。但是，領導人與個人的本質（substance）有關。個性與一個人的行事風格有關，而性格則是與個人本質有著密切的關係。

我曾遇過不少優秀的領導人，有的人是右腦型（right-brained），有的人是左腦型（left-brained），有高的、有矮的、有胖的、有瘦的；有口才流利的，也有口才不佳的；有的十分大膽，有的十分膽小；有的具備著迷人的特質，有的看來十分乏味；有的人穿著像是成功人士，而有的人不管怎麼穿，看起來完全不像成功人士。回首歷史上有名的領導人，可以看見各式各樣的領導風格，包括從湯姆・蘭德瑞（Tom Landry，前達拉斯牛仔隊教練）到文斯・隆巴迪（美式足球名人堂教練），從布萊德利將軍（General Bradley）到巴頓將軍（General Patton），從玫琳凱到艾科卡（Lee Iacocca），從老羅斯福總統到雷根總統，從金恩博士到比利・葛拉罕等等。

這些人都有自己的風格跟個性，也都能在自己的專屬領域有所成就。

性格

十九世紀的福音傳道者慕迪（Dwight Moody）曾這麼說過：「性格，就是一個人在私下獨處時的真實自我！」

性格這個字，是來自於一個希臘文裡的動詞，意思是「加深印象」（to engrave）。一個人的性格就等於是他內在天性的展現。**性格，是存在於個性（也就是面具）之下的自我**。

在稍早我們就曾說過，一個人個性在六歲時就已定型，但是性格就不同了。性格就如同是一個不停移動的標的，只要你是個正常的人類，你的性格就應該持續地成長以及發展。因此才會有成熟（maturity）這個字眼的產生。性格比個性還要重要些，這一點我們可以從下面這個事實得到驗證：這個社會不會要你為自己的個性負責，但是卻會要求你為自己的行為（也就是性格）負責。

藉此，我們可以充分了解，性格以及個性有著很大的差異。**性格是我們在道德方面的成熟度，同時也是驅使我們做出正確決策的意願**，即使是可能讓我們付出可觀代價的決策。如果不是要付出極大代價，我可能還不太確定這是性格使然。事實上，**唯有當做出正確的事情所必須付出的代價大於我們願意付出的程度時，才能突顯出性格的真正所在**。

性格同時也是讓我們能依循正確的價值以及原則行事的道德規範力量。生活之中最為艱難的部分，不在於知道什麼是正確的，而是要能做正確的事。讓我再強調一次，一個人的性格就等於我們承諾要做正確的事，這也解釋了為什麼我們會認為領導就是「性格的運作」。因為，成功的領導人都只想做正確的事。

我並不清楚你們每一個人在每一天可能遇到的挑戰有哪些，但是我可以告訴大家，每一天我都面臨持續的挑戰，我的內心每天都必須在「我想要做的事」以及「我應該做的事」之間交戰不已。每天我都會躊躇著，我知道自己應該做的事情還有不少，可是我應該依先後順序完成，還是應該選擇走捷徑？正如我先前說明的，我常常必須與內心那個心智年齡才兩歲的自我交戰，我不能每次都依照「他」所想要的方式來做事。

但是，如果我們可以適當發展自我的性格，就代表可以持續贏得自我內心的交戰，直到把它變成自己的習慣為止。

請記住，每一個人都可以愛自己所喜歡的人、每一個人都可以拍重要人物的馬屁，即使是這個世界最可鄙的人，也有能力這麼做。曾有古諺是這麼說的：「你可以藉由某個人如何對待那些對他毫無助益的人，窺知此人的性格。」容我再一次強調，領導（性格），就是「**即使自己並不喜歡，也要做正確的事**」；這裡特別強調的是，即使是自己完全不喜歡的事。

在這裡讓我重申一次，希望各位能充分了解，領導的發展，與性格的發展，其實是完全相同的一件事。

後天養成與自然天生

「人類性格中的好習慣或壞習慣，通常都是受到遺傳或環境的影響。」對此說法，相信多數人不會有太大的爭議。但若說遺傳或環境可以決定性格，那麼，就可能引發許多爭議。

我們都知道，基因相同的同卵雙胞胎，在同一個環境成長後，是有可能成為兩個完全不一樣的人。更讓人訝異的是，即使是連體嬰，在相同的成長環境下，甚至在同一個「身體」裡，也有可能在成長之後變成完全不同的兩個人。

每一個人先天的基因組成，以及後天的生長環境，都大不相同。舉例來說，一個有美好、溫馨又受寵愛的童年時期的人，長大之後就容易成為一個個性外向的人；反之，一個有著受虐經驗的人，就可能成為一個個性陰鬱的人。而前者很顯然地比後者更具優勢。

當然，我們也可以看到一些例子是，一些在不好的環境中成長的人，依舊能成為偉大的領導人，他們不僅打敗了生長的環境，成為一位傑出的領導人，同時也為自己個人以及家庭創造一個完美的未來。此外，也有一些例子是，某些人在童年時期過得相當富裕，幾乎占盡了優勢，但是，最後卻過著十分悲慘的生活。

沒錯，因為天生基因與後天環境的不同，有些人的確必須比其他人付出更多的努力。這就如同一些具有天分的運動家、音樂家、學生，或者是領導人，他們必須付出的時間以及努力，可能會比其他人少一些。

每一個人的先天素質及後天不利條件，都有可能成為性格發展的阻礙。但到最後，我們會成為什麼樣的人，完全決定於我們在過去及現在所做的選擇。可以確認的是，我們未來的成長與發展都需要能夠成熟地為自己負責，因為，唯有能對自己過去負責的人，才有可能為自己未來的改變負責。每一個人未來的成長以及發展，都需要一個成熟的自我，來迎接我們過去所負擔的責任；有的時候，我們會因為過去的包袱而不願意接受任何責任。

我們的現況，其實就是我們在過去及現在所做的選擇的結果，但這現況並不能主宰未來。我們未來的狀況、性格都取決於自己今後所做的選擇。

好消息是，我們還是可以選擇成為一個完全不一樣的人，而這個決定可以從今天開始。

性格就是習慣

我們可以簡單地定義性格：**性格其實就是每一個人習慣的總和**，同時也是個人對善與惡的分辨。

性格，其實就是了解什麼是好事，要做好事，同時也要深愛良善的行為，這也就是心靈上的習慣、決心上的習慣，同時也是心智上的習慣。亞里斯多德曾說過：「道德的美德其實就是習慣的產出……只要能夠習以為常，我們就會做到自己所希望成為的人。只要我們多一些自制力，我們就可以成為一位有自制力的人；只要我們多做一些勇敢的事，我們就可以成為一位勇敢的人！」

我之前曾提過，我們的性格發展從小開始，而且，這個發展會一直持續進行。要有耐心，千萬不能中斷！要對別人好一點，要成為一位好的傾聽者，千萬別成為一位自大的人！多為別人著想，寬恕他人，做個誠實的人，力行貫徹下去，讓這樣的發展可以一直延續下去。

總結來說，人類都是習慣的產物，而今日的我們也是經由自己的選擇所累積而成的。有個古老的俗諺說得好：「思考引導行為，行為變成習慣，習慣塑造性格，性格決定命運。」

換句話說，性格或許能決定我們的命運，但是性格決不會受命運主宰！我們每一個人的性格都是由自己的選擇所決定的！

性格養成

一般而言，性格其實是由三方面的概念建構而成：其中一方面是「家庭」，這是孩子經年學習、培養內在道德信仰及道德習慣的地方；第二方面以及第三方面則是學校以及教會，這兩個地方是學生或教徒可以學習較高行為標準的所在。

數十年來，人們的學習歷程都如出一轍。所以，在學校或教堂裡所獲得的教育，事實上與在家裡所能獲得的相差不大。

教導及協助孩子們發展他們的性格，是身為父母能參與孩子成長的機會。心理學家威廉・詹姆士（William James）曾這麼說過：「如果年輕人可以趁早了解，有一天自己所累積的習慣會多到嚇人的話，他們可能就會在年紀還小時更加留意自己的性格養成……因為不論是善小而不為，或是惡小而為之，都有可能在性格的發展上留下痕跡！」亞里斯多德也同意這樣的說法：「從孩提時代養成的習慣可能沒有多大的差異，但是這些習慣卻有可能影響我們的一生！」

大家都會為具有特別才能的人喝采，同時也會給予他們十分優渥的獎勵。但是，我認為唯有具備優秀性格的人，才值得社會大眾的認同，這些人比起單單具有才能的人，更值得我們的讚美！

為什麼呢？因為**有著傑出表現的人，通常是與生俱來的才能**，或是上帝所賜予的天賦，但是，**健全發展的性格，不論是完美的，或是略有瑕疵的，卻是一個人後天持續努力鍛鍊所得**。一個人為了鍛鍊性格不僅需要下苦工、勇氣、守信，而且有時還必須做出一些相當困難、甚至不受歡迎的正確決定。

我的朋友伊莉莎白

在結束性格的討論之前，我想分享一個讓我一輩子也忘不了的經驗，做為這段文字的結尾。

前幾年，我最敬愛的一位人物去世了。她的名字是伊莉莎白．莫林（Elizabeth Molin），她是一位十分和善的老婦人，多年以前，我跟我妻子「認養」了伊莉莎白，尊稱她為我們夫婦兩人的「乾祖母」。

伊莉莎白去世時，已是八十九歲的高齡，但她卻是我所認識的人當中最有活力的一位。她從不憤世嫉俗，也不認為自己已看透世事。她可以接受全新的想法，同時也能接受不同的做法。她的個性雖然十分沉默，甚至有點害羞，但是，只要她一開口說話，那些了解她的人都會認真傾聽她講話的內容，因為她總能說出一些雋永、意義深遠的話，甚至評語。但是最重要的是，你有沒有留心去聽出她話中的含意。

當伊莉莎白不久於人世時，我曾親自前往醫院探望她老人家。當時我十分難過，但是她居然在一旁安慰我，她說她想要與我分享一些自己所學到的關於性格方面的事。這就好像是伊莉莎白想要送給我一個臨別贈禮一樣。

當時，我們兩個人的對話大概是這樣的：「吉姆啊，我知道我快要死了，有很多老朋友都特別趕來探望我。」

「是啊！伊莉莎白，我知道！你有不少的朋友在醫院裡的長廊上等了幾天，為的就是想要看看妳啊！」

她陷入了沉思，一會兒之後，她說了一段話，這些話讓我無法忘懷：「吉姆啊，我的一些老友到現在都還跟他們年輕時一樣，甚至更年輕。」

你意會出這弦外之音了沒有？

當時我並沒有仔細傾聽她的談話，所以我這樣回話：「你想要表達什麼呢？伊莉莎白？」

「嗯，我的朋友中，很多人從三十幾年前就是這麼自私，凡事都以自我為中心。我想你應該看看現在的他們，當他們走進我的病房時，坐在我床邊，談論著自己的經歷，還有自己的問題。就這樣過了九十分鐘，然後，他們便離開我的病房。我真的想不通，為什麼他們要來看我呢？」

「但是，那些從三十年前就是個好人的人呢？他們從以前就十分關心朋友，也願意為朋友付出，你應該看看現在的他們，吉姆啊！他們都成為聖人了！」

植物會發芽成長或是腐爛。

我想我一定會很想念伊莉莎白。

我們每一天所做的選擇不僅決定了現在的我們，同時也將決定未來的我們。作家路易士曾這麼說過：「這也就是為什麼，我們每天所做的決定如此重要。今天你所決定做的一件好事，很可能在數個月之後，獲致你想像不到的成功。但是，今日的你若是耽溺於安逸的生活，或是事事都怒氣相向的話，日後的你可能會失去更多！」

人們是如何改變的

顯露自己比別人更優越，一點也不值得高興。唯一值得慶賀的是，當你證明了現在的你比過去的你要來得優越。

美國社會改革家惠特尼．楊格（Whitney M. Young Jr.）

> 再也沒有比這樣的事實更讓人振奮的了！人類可以藉由自覺的努力，進而提升自我生活的能力！
>
> 《湖濱散記》作者梭羅（Henry David Thoreau）

在你讀到本書這個章節時，我會假設此時的你一定完全贊同持續性的個人改進。就如同前面的章節所描述的，如果你不願意改變，就不可能有所成長。並不是所有的改變都代表著進步；但是每一次的進步都必須要先做出改變。

讓我們討論其中可能的難處。

人們真的能夠改變嗎？

當我與一群亟欲想要改善領導技能的人一起工作時，我會事先了解他們每個人對於改變存在著哪些成見。

我發現很多人都深信，人們不太可能進行大幅度的改變。因此，有類似如此的陳腔濫調：「江山易改，本性難移。」（A leopard can't change its spots.）或是「老狗學不了新把戲。」（You can’t teach an old dog new tricks.）我們曾經多少次聽到大力水手卜派（Popeye）這麼宣稱：「我就是我，沒有人可以改變我，我就是大力水手卜派！」（I am what I am and that’s all that I am. I’m Popeye the sailor man!）類似這樣的無稽之談只適用於那些懶惰的人；同時，也是那些不想為生活負責的人所編造出來的完美藉口。這些人從不想為自己的人生尋找正確的方向，當然也不想要成為一個有擔當的人。我想這些陳腔濫調真的不該被大家當做藉口使用。

如果你真的不相信人可以改變，我建議你可以去住家附近的圖書館，那裡一定有很多書是描述某些人如何改變了自己的人生，並成為與過去截然不同的一個全新的人。如果你真的不相信人可以改變，那麼你就沒有必要再進一步發展領導技能了。因為這樣的技能需要的就是自我改變。在這裡讓我再強調一次，領導的發展，與性格的發展，其實是完全相同的一件事。

改變的確有可能讓人感到不適，同時也是困難重重。有些人對於改變的抗拒比其他人更強烈。心理學家馬斯洛（Abraham Maslow）最知名的實驗，就是發表了「需求層次理論」（The Hierarchy of Human Needs）的模型，這項理論說明了人類對於安全以及安定的渴求有多強烈，同時**一旦達到了安定以及安全的層次之後，多數人都會避免更進一步的改變或是成長**。

從事改變對於人類而言，並不是與生俱來的天性。往好的一面想，改變可以經由學習而獲得，如果我們能經常練習的話，改變可能成為我們的「第二天性」。改變的確會讓人感覺不適，或是困難重重。但幸運的是，還是有不少人願意為了精益求精、更上一層樓而改變，他們要從好進而邁向更好的階段。

總而言之，認為人類不願意改變，其實是一件很大的錯誤。但是，如果我們認為改變其實是很容易的事，那也是一大錯誤。

改變以及成長的步驟

在這裡我要向艾倫．惠理斯（Allen Wheelis）在三十多年前的著作《人們如何改變》（*How People Change*）致上最高的敬意。那本書可說是有關改變方面最石破天驚的鉅作，在這裡我向各位推薦這本書。

惠理斯在他的書中提到，**人的改變基本上分為四個階段：痛苦、覺醒、決心，以及**

改變。

基於我這幾年來與企業領導人共事的經驗，還有輔導他們進行成長以及改變的過程之中，我深深認為這四個階段恰如其分地描述了改變形成的各個階段。

痛苦（磨擦）

與領導人初次接觸後第一階段的遭遇，我將之稱為「磨擦」階段，這也是惠理斯所稱「痛苦」的階段。每一個人都需要一些磨擦、痛苦，或是不適的狀況把我們拖出原本安穩的舒適區（comfort zone）。不論這是不是我們所想要的，也不管這是容易或困難，痛苦其實是改變的最佳動力。《與成功有約》的作者史蒂芬．柯維曾這麼說過：「我覺得痛苦是人類改變的主要來源……**如果你感受不到痛苦，那麼，你就不會感受到改變的必要性。**」

舉例來說，通常這些痛苦或不適會驅使我們去尋求醫生、牙醫、心理師、教堂，減肥診所的協助，或是其他任何可以減輕痛苦的地方。

我們常可見到，有些人在遭遇了這輩子最重大的感情重創之後，改變了自己未來的生活。但是相較於只需要些許的磨擦，就可以促使我們跳脫眼前生活的改變來說，這樣的例子還算是少數而已。

如果，在領導上也出現了這樣的不適（痛苦），那麼這些症狀將促使這些領導人進一步開發自我的領導技能。磨擦的來源有很多種：工作問題、人際關係問題、家庭問題、健康問題、離婚問題等等。這些只是磨擦的來源名單中的少數。

一般來說，當領導人或是領導團隊感受到痛苦或不適時，或是他們受到刺激去做某些事時，我們通常會告訴當事人應該感到興奮，為什麼？因為相較於他們總是被拒絕，或總是給人負面影響的狀況，現在可以是一個全新的開始。

當然，這些人或許不覺得自己是處在一個比較好的狀況之下。

至少，他們現在還感受不到。

覺悟

一旦我們有了改變的意圖之後，我們所要面對的第二個階段就是覺悟（insight）以及教育（education）。

這裡所謂的教育包括了解自己的行為，以及破壞自己人際關係的習慣；而覺悟則包括深刻地了解改變是可行的，而且要讓自己為改變做好準備。也就是說，我們必須充分了解改變的困難度，並且要能全心投入，否則，想改變也只是空談而已。

覺悟還包括必須了解，人類所能擁有的最偉大的自由，就在於我們可以時時地審視自己的狀況，尋找可能的替代方案，同時做出最後改變的選擇。一位領導人千萬不能這麼形容自己，「我只是一位不成氣候的領導人而已！」「我就是這樣的領導人啊！」或是「這樣做有什麼用處？」雖然這樣的說法的確如實描繪了這位領導人的過去以及現在，甚至可能是他的未來，但是，這不是唯一的選擇，領導人是有機會可以改變現況的。

所以，覺悟還應該包含對自己的希望。這樣的希望應該能從了解而來，同時深信改變可以在真實的世界裡一再地演變成事實。地痞流氓有可能成為有貢獻的市民，喝醉酒的人也可以開始清醒，而那些採行納粹式管理風格的老闆，也有可能會改變自己的行事風格。

決心＝意圖＋行動

現在，我們再回頭討論選擇。

每當我的研討會接近尾聲時，我都會這樣告訴所有學員：「如果你在今天離開這個研討會之後，完全不能將今天所學得的技能應用在自己的工作，那麼就等於浪費了很多寶貴的時間以及努力了。除此之外，你們這樣的行為等於漠視貴公司的股東或付錢讓你來上課的人的用意，因為頭腦裡的知識如果不能應用實踐的話，那一切都只是空談。如果貴公司的股東只是要讓你從這次的研討會中學得一些『模模糊糊』的感覺，而不必學習到可以實際應用的技能。那麼，我不如就賣給他們一卷電視影集《草原小屋》（*Little House on the Prairie*），這樣一來，不但可以替他們省錢，而且你可以在自己家裡，舒舒服服地觀賞這部片子，看完之後可以安穩入睡，而在星期一早上去公司上班時，就當一切狀況如舊。」如果你學習了正確的技能，但是卻完全沒有應用，那麼這樣的學習就完全沒有任何價值可言。

改變最重要的部分，來自於完全投入。這樣的投入包括做好接受改變的準備，以及盡所有努力將意圖轉換成為實際行為的決心；這樣的決心包括持續改變自我行為的決心，直到新的習慣成形為止。

你真的想改變嗎？

這樣的投入以及決心，在剛開始時很難做到。我們只有在真正的考驗來臨時，才能知道人們的投入程度有多少。通常人們都會說漂亮的話，例如「我想要成長，成為一位佼佼者！」或是「我深信持續性的改善！」但這些人的實際行為卻完全不是這麼回事，他們實際的行為背叛了自己真正的信念。

聖經裡有一個故事，內容描述耶穌遇到一位得了嚴重疾病的人，這個人在過去四十幾年來完全無法走動。當時，耶穌問了這個人一個問題：「你想不想恢復健康？」

當我第一次聽到這個故事時，我真的覺得耶穌問的這個問題十分荒謬，「你想不想恢復健康？」這個問題實在太可笑了！這個病人當然想要恢復健康啊！想想看，一個一輩子都不能走動的人，他怎可能不想恢復健康呢？

但自此之後，我逐漸了解到，這個世界真的有人不想恢復健康。

我老婆開設的心理訓練課程中有一位十分聰明的講師，他曾對我老婆這麼說：「當妳與病患相處時，務必要試著找尋出這些人患病所帶來的『報酬』是什麼。」

我老婆對我說，現在，她終於了解當時那位講師的話中含意了。每個人在面對不同情勢做出不同的抉擇後，都會得到不同的「報酬」。這些報酬可能是「獲得大眾的注目」、「不用工作就可以輕鬆生活」、「一生享盡他人的服務以及恩慈」，以及「讓別人同情他」。

我老婆說在她執業這麼多年間，她遇過太多人說著想要改變自己，想要讓自己變得更好，但是只有極少數的人能真正有所改變，而讓自己達成目標。

同樣的，**身為沒有效率的領導人，他的「報酬」也不少**。舉例來說，沒有效率就代表**他們不用耗盡心思完成別人的需求；他們可以很輕鬆地運用自己的威權來做事**，這樣的結果雖然快速卻毫無效率。除此之外，他們也沒有必要承認自己的行為有任何問題，**同時，更不必忍受別人不合理的指責**。

所以，想要具備改變的決心，你不能只是有良善的意圖以及令人印象深刻的宣示。

這幾年來我一直輔導企業的經理人發展他們的領導技能，在這麼多人中，大約有百分之十的學員，在個人的發展歷程裡出現一些驚人的進展。例如有的人會這樣說：「我不知道鮑伯出了什麼狀況，但是他的確不一樣了。」

在我的工作中，我必須常與一些優秀的學員相處，有時詢問他們一些十分簡單的問題，我就可以進一步推動他們出現戲劇性成長，如「可不可以告訴我，剛才你是怎麼做的？」「如果你要撰寫一本關於自己是如何從一位頹喪的領導人變成十分有效率的領導人的書，你會想要寫些什麼內容？」

被問到這類問題的經理人，他們通常也會有相同的答案：「我只是決定好要這麼做而已！」他們望著我的眼睛回答，「我早已厭倦過去的那個我。我終於決定要讓自己走出來！」

這些話聽起來像不像是戒菸者的藉口呢？或是一個成功減去幾十公斤的人？戒酒成功的人？事實上，一般的體重控制中心都流行這樣的說詞，「最後一根菸」。戒酒協會的說詞則是，「最後一瓶酒」（hitting bottom）。當達到那樣的境界時，這些人會這麼說：「我已經夠了！」

就是這樣了，不必有任何的歡呼或是慶祝的行為。這並不是救世主顯現或是天使的佳音，這只是亙古以來最真誠的一種改變：「我決定要這麼做了！」

聽起來是不是很簡單？

我通常會把這方法運用在那些從來沒想過要有所改變的人身上。

改變

當一些行為長期重複之後，真正且持續的改變就會發生。

在改變過程中最重要的是能了解何時開始，何時結束；何時向前，何時往後；是多還是少。這樣的過程常常讓許多人退縮，因為大多數人都只想要一步登天，不勞而獲。

事實上，不論是好的行為或是壞的行為，持久的改變其實都是逐漸成形的。要記住，不好的習慣也是經過長時間的培養所產生的。你一定很清楚這樣的過程：剛開始只是一瓶啤酒，接下來是喝烈酒，再來是喝混酒……先是撒個小謊，再來是比較大的謊言，再來就是偷竊，最後是強盜搶劫……然後呢？

美國大學籃球的傳奇教練約翰．伍登曾這麼說過：「當你每天都能有一些進展時，最後，你就可以察覺重大的改變已經形成……千萬別想要一步登天，一蹴即成。這是改變唯一的方式，而一旦這樣的改變發生之後，就會是持續永遠的改變了！」

習慣的剖析

美國心理學家、哲學家威廉・詹姆士（Willam James）稱人類其實就是一群習慣的組合體而已。當某個人真正想要致力於改變時，就有必要了解發展破除這些習慣的動力將對我們的生活所造成的影響。

習慣通常會歷經四個階段而養成。讓我們一起來看看這四個階段分別是什麼。

第一階段：無知無覺，尚未學習（Unconscious and Unskilled）

在這個階段，我們對應該發展的行為或是習慣，都還無知無覺。這是最原始的階段，這時候，你的母親還沒教你蹲馬桶，你還沒開始抽第一根菸或是喝第一杯酒，也還沒有開始滑雪、打籃球、彈鋼琴、打字、讀書或寫字，或是成為一位好的領導人。

在這個階段裡，你根本還沒認識到你要學的技能，對它也還不感興趣，當然，也還沒開始學習。

第二階段：已知已覺，正在學習（Conscious and Unskilled）

在這個階段，你已經認識到應該學習的新行為，不過還沒學會相對的技能或習慣。這時候，你的母親開始教導你蹲在馬桶上，你也抽了第一根菸但被嗆到，喝了第一杯酒，但覺得酒很難喝；你也開始想要學習滑雪，並慘摔二十幾次；學著彈鋼琴、打字等等。

第二階段是一個相當可怕的階段，但是，只要堅持下去，你很快就能進到下一個階段。如果你無法堅持下去，可能就會中途而廢。

對於領導人而言，當他或她剛開始想要讓部屬對他產生信任感，開始感恩別人的努力，或是開始對部屬以禮相待時，可能會出現一些困難，甚至會有些尷尬、不舒服甚至恐懼的感覺，但是，領導人必須堅持下去並努力克服。

這也是為什麼我們一直強調守信的重要。

第三階段：已知已覺，已經學會（Conscious and Skilled）

到了這個階段，你已經學會了，而且也越來越適應新的行為或技能，新的行為也許已經成為你的技能，甚至於是一種習慣。你很少會把大便拉在褲子上，你開始覺得菸很好抽，你再也不怕滑雪了，你在彈鋼琴或是打字時，也不再需要常常低頭找鍵盤了。

你在這個階段裡一切都越來越上手了。但是，我們還是需要多思考，強迫自己繼續行動，持續練習，直到一切行為越來越像是發自於天性為止。

第四階段：不知不覺，運用自如（Unconscious and Skilled）

到了最後階段，你做什麼事都不必經過思考了，因為你的行為已經成為一種習慣，同時也是自然的行為。事實上，你的行為已經成了你的「第二天性」了。

這時候，每天早上起床刷牙已經是再「自然」不過了；而彈鋼琴或打字時，也不必再思考下一步要敲那一個鍵。這時，你也可能變成酒鬼、菸槍，你根本戒不了這些習慣！這時，當你從山頂上俯衝滑下來，就自然得像是在街上漫步。

在第四階段，領導人不必再試著成為一位優秀的領導人，因為，他或她早已經是一位優秀的領導人了！

不論是好的習慣，還是壞的習慣，都需要時間發展，也需要時間戒除。就我個人的經驗來看，**性格方面的改變需要最少六個月時間，才能把舊有的陋習改掉，進而讓新的反應能夠成為你自然的反應。**這只是最短的時間哦！有時候一些舊有的習慣會纏著你達數年之久。

自尊心以及改變

有不少書籍的作家們都強調，自尊心是個人成長以及改變最基本的要件。如果有的人不太喜歡自己，或是他們的內心受到了傷害，那麼，就很難有所成長或改變。所以，這些作家們會勸告父母、老師，以及老闆們，不論你的孩子、學生或部屬表現如何，都要不吝惜給予認可或是稱讚，如此才能強化他們的自尊心。

「我只有在對自己有信心的時候，才會把事情做好！」這是林肯的教誨，而這一句話也在我的工作上得到印驗。

當別人表現不好，而你仍稱讚他能幹，這並不能幫助他建立自尊心及信心。自尊心以及信心來自於：設定並完成目標、多為別人做些好事，同時，也要訂定好自己的方向（**true north**）。當人們開始為別人付出，同時行為得體，他們看待自己的方式就會不同，也可以建立自己的信心。我們可以看到很多的例子都能證明這樣的說法。

在一份針對利他主義（**altruism**）的經典研究裡，心理學家爾文・史塔布（**Ervin Staub**）分析了那些甘願冒著自己生命的危險，來保護猶太人免於納粹迫害的人。「良善，與邪惡一樣，都是從小處開始。一個英雄是進化而成的，他不是生下來就是英雄。願意搭救這些猶太人的人，一開始，他們只是做了小小的承諾，協助這些猶太人躲藏一至兩天而已。但是，一旦他們開始了這樣的行為，他們看待自己的方式就不一樣了！這些猶太人的救星！」

如果你繼續研讀那份報告，你會發現當那些「救星」看待自己的方式不一樣時，他們就會願意承擔更多的風險，協助猶太人躲避納粹的追捕，因為他們知道「自己必須伸出援手！」他們必須在「如何看待自己」（**視自己為猶太人的救星**）以及「他們應當如何協助這些猶太人」（**他們的行為**）之間取得一致性。

有趣的是，同樣有一些調查報告指出，**在大屠殺期間拯救猶太人的這些英雄人物，其實都是自尊心較低的人**。事實上，經過研究指出，自尊心與成為別人的救星是兩碼子事，完全沒有關聯。

這些研究者最後的結論是：

或許，有些人會感到驚訝，最近的一些研究報告指出，某些特定形式的**高度自尊心，反而會讓人有較高的暴力傾向，同時，高度的自尊心也與不受規範及反社會的行為有關**。

我常常想，安隆（Enron）以及泰科（Tyco）企業的執行長在面對檢查單位時所顯露出的自大以及驕傲，都是出自於他們平時沒有規範及道德的行為。

另外，一個十分典型的例子，也就是德國第三帝國時期，納粹人士都自視為優越的亞利安人種。這種極端的自我膨脹導致日後的暴行、種族迫害，以及實行納粹最終方案（the Final Solution）。

總結

我們已經確認一個好消息，那就是，人類其實是一堆習慣的組合體。但是，同樣也有一個壞消息，人類是一堆習慣的組合體。

習慣是可以被改變的，而且習慣可以越改越好。我們可以選擇要成為與現在完全不一樣的人。學習以及成長是永不嫌晚的。如果，你因為太老、太懶惰，而放棄學習及成長的話，那麼你就不可能成為一位領導人。

想要改掉多年以來的積習或是不好的行為，需要付出許多的努力以及全心的投入。很不幸的是，很多人都不願意承擔這樣的責任。

對於那些致力於想要成為出類拔萃領導人的人，本書的內容對你未來的發展有極大的幫助。

這也是我們能有所改變的開始。

8 實踐

How to Become a Servant Leader

改變必須從我們自身開始。

——甘地（Mahatma Gandhi）

現代的工作場所是重要又有效的性格養成場所……我認為性格才是一間企業最有價值的資源以及產品。所有成功的企業都應該有這種認知。

——嬌生公司（Johnson & Johnson）前執行長　勞夫．拉森（Ralph S. Larsen）

在我個人這麼多年傳授僕人式領導的過程中，不論在大型的研討會，或是私人內部訓練的課程中，我遇過不少執著、同時欣賞我個人理念的聽眾。不少企業的經理人在撰寫學習心得時，都表達出自己不僅認同這樣的理念，同時也很慶幸自己可以成為僕人式領導人。

通常，一間企業在接受僕人式領導的課程輔導後的一年到一年半之間，我都會再次接到這間企業人力資源部門的邀請，希望我能「再次造訪他們的公司，再次為大家充電」。

通常，我很樂意接受這樣的邀請，但是，如果當我第三次或第四次重回同一間企業進行輔導時，我的心中就會為這間企業的股東、納稅人，或是付錢讓我講課的人感到難過。因為，如果聽眾在每次課程中得到的就是贊同我的理念，也欣賞我個人授課方式，但卻沒有將此實際應用在行為改變上，那麼，我就不了解這一而再的課程安排有何意義？

訓練遷移

在我早期任職於人力資源部門的日子裡，我相當熟悉那些與領導訓練課程及課程結果評估相關的統計數據。持續地研究這些數據可以得知，**所有訓練課程在日後能夠實際執行成功的只占百分之十而已**，這一個現象也就是學習心理學家愛德華・桑代克（Edward Thorndike）所說的「訓練遷移」（Transfer of Training）。

試想，每年每間企業耗費在領導課程上的可觀經費。如果在每次訓練課程中，十位學員只有一位算是成功的例子，我想這樣的報酬率將不是企業的股東或納稅者樂見的。

在一開始，我還認為這個數字是被低估的結果。所以，在每次課程進行中，我都會測試這些學員一些僕人式領導課程的問題，以了解他們對課程內容的理解程度。而經過了一年之後，或是有機會再回到同一間企業進行領導訓練課程時，我都會親自致電這間企業的人力資源主管，詢問在這段時間內，有多少學員在改善自己的領導技能上有明顯成效，有多少學員在課程結束後真正有所改變。

但是，我得到的結果卻讓我十分失望，我得到的答案差不多也是接近百分之十。以一個有五十位經理人參與的課程而言，負責訓練的人力資源部門大概只可以提出四到五名的主管，說明他們在這段期間內，個人的行為確實有了十分顯著的改變。

我真是非常的意外。

為什麼這些經理不能把學到的知識應用在他們的行為上？為什麼他們不願意改變？為什麼他們不能實踐這些自己曾聲稱十分支持的理論？

轉捩點

大約在十年前某次訓練課程中，當我來到教室之後（學員們早就在教室裡等著），我決定對自己的訓練方式做一次很大的改變。

當時，我正在印地安那州中部的某企業，面對同一群經理人進行第三次的僕人式領導訓練課程的傳授。當研討會接近尾聲時，我發現在最前座有一位男士，眼中噙著淚水，慢慢地舉起手想要發言。

我想我永遠忘不了這位男士所說的話！

「吉姆，我深信你今天說過的每一句話，就如同三年前你第一次幫我們上課時給我的感受一樣。你講授的內容真的讓我心有戚戚焉。我比其他人更清楚自己應該將這一套應用在工作、婚姻以及我跟三個兒子的相處關係上。」

「但是，讓我告訴你，問題出在哪裡。在你上完課離開我們公司之後，我們都得回

工作崗位繼續做事！在我的桌上，一份「質量管理系統」（QS9000）專案早就讓我忙得焦頭爛額，整個部門的預算要在這星期五前交出去，還有四個員工等著與我進行績效面談，另外，我還得處理一些工作安全方面的問題，而我的兒子就快要變成問題少年了，這些就是讓我沒辦法詳細思考其他事情的原因！」

「當這次課程一結束，我大概就不會再聽到任何跟僕人式領導的事，除非你在一、兩年後有機會再回來上課。在這段時間中，我的主管不會強迫我們一定要應用你的這一套理論，而我也看不到有任何高階主管認真地實踐這些原則。」

「我真的很羞於承認，但是，這一次的課程又將邁入尾聲，就如同上一次的情形，我坐在這裡上課，對整個課程內容感到相當興奮，也對自己的工作多了一些期許，但是，到了最後，我還是一無所獲。這就是我們的遭遇。老實跟你說，吉姆，我甚至覺得你的做法對我們而言是不公平的！」

這位男士的評論真是鞭辟入裡。當然，他所說的話都完全正確，這時，我才真正了解自己的課程需要做些改進。

至少，我們應該營造一個可以讓大家討論僕人式領導的環境，一個可以鼓勵大家成長及發展的環境，以及一個有些磨擦可以刺激成長、有些推力可以進行持續性改善的環境。我們應該讓所有管理高層都認同僕人式領導，並且身體力行，以做為其他員工的典範。

因此，在印第安那州的那一次研討會之後，我深入了解僕人式領導課程所遺漏的，正是ＥＱ大師丹尼爾．高曼博士（Daniel Goleman）的理論精要！

情緒智能

高曼博士是哈佛大學心理學博士，同時也是一位暢銷書作家，他有很多著作都專注在討論情緒智能之上。

情緒智能是一個包含人際關係技巧、動機、社會技能、同理心、自覺等的廣義名詞。五十年前，戴爾．卡內基（Dale Carnegie）就曾發現，在領導統御方面，有百分之七十五的成功領導是必須具備良好成功的人際關係技巧。當時很多人嘲笑這樣的說法。但是五十年後，高曼博士藉由經驗的粹練以及事實的證明，他更提出了幾近百分之八十到百分之百的成功的領導，都必須仰賴良好的人際關係技巧。

高曼博士是這麼說的：「如果以較傳統的方式來形容情緒智能所代表的技能，那就是性格！」

高曼博士整合了在過去數十年間神經科學方面的研究成果，而其中最值得注意的是，左腦型的人喜歡了解所有的細節。

高曼博士研究的重點在於，一個人是無法像學習代數、物理、汽車技工或Excel試算表般地學習情緒智能、領導技能或性格。簡而言之就是，領導不是你可以在理智上理解就可以獲得的。你絕不可能只是在口頭上說著：「是的，我完全同意僕人式領導的原則！」然後，就可以成為一位成功的領導人。因為，純粹理智上的認同是毫無意義的。就如同之前所提及的，「所有參與研討會的成員，都認同僕人式領導的原則啊！」

我們還需要投入更多。

實證研究很清楚地告訴我們，人類大腦中屬於感情的那一部分，也就是人類性格得以成形的部分，與主宰人類思考的部分，其運作方式完全不同。情緒智能是在大腦中的邊緣系統（Limbic System）所發展出來的技能。而這個系統最主要的功能就是控制人類的衝動、動機以及驅力（drives）。而分析以及技術方面的技能則是在新皮質

（neocortex）部分，這是人類可以理解邏輯以及概念的區域。

我要再次重申，**領導並不是在理智上理解就能獲得的技能，它反而與運動員、木匠，或音樂家的養成方式比較類似。領導技能的發展，主要是結合了知識、必要的行動，以及情緒智能所成。**有沒有人可以藉著閱讀游泳教學的書籍，就能夠學會游泳？

我通常會在每次研討會開始時，告訴每一位聽眾，他們並不會因為參與這次的研討會就成為一位好的領導人。但令人意外的是，在聽到我這樣的宣言之後，並沒有人逃離研討會的會場。我告訴他們，「如果我對外宣稱，保證他們在參與了四小時的研討會之後，就會成為高爾夫球的高手、成就非凡的鋼琴演奏家，或是技術精湛的木匠，這樣的宣傳方式會吸引更多人參與我舉辦的研討會嗎？除了你們其中一些較容易受騙的人之外，應該沒有人會想參加這樣的研討會。一般而言，稍為懂得常理的人都知道，這樣的宣傳說詞是完全不可信的，而事實證明他們是對的。」

你或許可以藉由閱讀相關書籍、參與研討會，或是觀看研討會的錄影帶，進而學習一些有關領導的技能。但是，你卻無法僅僅因為這些事而成為一位優秀的領導人。我想這也是為什麼這世上會有這麼多關於領導的研討會或課程。

可惜的是，大多數組織並沒有要求這些提供領導訓練課程的機構，必須提供能實務應用於行為改變的內容。當然，這些組織本身也必須負擔一些責任，因為，他們並沒有將領導視為**是一種需要學習、發展且持續改善的技能**。當然，企業也可以花較少的時間、精力，或其他的資源，直接把某位員工提拔成為主管，加薪兩成，然後送他（她）去參加個為期一天的領導課程研討會，然後再正式宣告這個人已經成為主管。但是，我們不妨想想，難道在經過這樣的過程後，這位新任主管就有資格管理以及領導企業中最重要的資產嗎？

現在，讓我向各位說明，在人類發展情緒智能（性格）方面的好消息以及壞消息。好消息是，情緒智能與智商（IQ）不一樣，智商在一般人的青春期後就幾乎不會有任何改變；但是，情緒智能可以在人生中持續地發展，這整個過程就稱為「成熟」。而壞消息則是，要想改變舊有的習慣，需要花費很大的努力。高曼博士是這麼形容的：「唯有堅持以及耐心，才有可能得到持續長久的結果……在這裡我強調的是，如果沒有真誠的意念及努力，不可能培養情緒智能……但情緒智能可以靠努力養成！」

新的流程

將印地安那州那位經理給我的回饋，結合我對於性格養成及習慣改變的了解，我研發出一套十分簡單的流程，藉以協助人們改善個人的領導技能。

這個流程主要是建立在一九八〇年代常被引用的一個模式上。這三個階段的模式包括：一、定義基本規格；二、辨識出與基本規格之間的差異；三、消弭這些差異。

我的想法是：為什麼這個在提供高品質產品或服務上這麼有效率的模式，不能被利用在協助人類成為家庭或組織的優秀領導人之上？

導覽地圖

接下來，我將概述實行領導技能改善的流程，這個流程可以適用於單獨的領導人，或是針對整個領導團隊。

我想先特別強調的是，不須將此流程視為組織每個成員都必須同時參與的正式計畫。每個人，或是組織，都可以自行應用這樣的流程。但是，我個人建議，每一位參與這項流程改革的成員，務必將「三個F」的步驟應用在整個流程中，如此才可以確保持續的行為改變。

所謂「三個F」也就是基礎（Foundation）、回饋（Feedback），以及磨擦（Friction）。

步驟一：基礎——優秀的領導風格是什麼？

當一個人進入一個新團隊時，不論是學生、雇員、孩童，或是運動員，他們的潛意識裡都會產生兩個問題，而領導人必須針對這兩個問題給予快速的答覆。

第一個問題是：我應該怎麼做？

第二個問題是：如果我做不到，會有什麼結果？

領導人必須快速而完整地回答這兩個問題。組織高層必須要有卓越領導的願景，並且還要能清楚表達與溝通這項願景。

組織應該清楚地說明，要成為一位領導人必須具備有效率的領導以及持續性改善。世界知名的品質大師戴明（W. Edward Deming）的形容十分貼切：「企業的第一步，便是為領導人提供訓練的課程。」

領導人接受僕人式領導的有效訓練，讓自己具備一位優秀領導人所該有的工作知識，同時也能了解自己未來的方向是什麼。柯維就曾說過：「對每一件事的開始與結果都要能完全掌握。」

如果，我們的目的是這樣，那麼在一開始，領導人就應當參加為時四個小時的僕人式領導的訓練研討會。所有參與者都會在研討會中接受僕人式領導的基本訓練，藉由這方面的訓練，他們才能清楚了解何謂優秀的領導。簡言之，這個訓練課程首先必須了解標準（基礎）是什麼，並同時設定好目標。當然，你還可以藉著舉行研討會，以及書籍、影音資源，或是其他的學習工具來達成你的目的。

而在同一次課程中，也應當對於未來這整個流程的運作提供完整的指導。

步驟二：回饋——了解個人與僕人式領導之間的差異

在第一個步驟後，第二個步驟便應要求所有參與研討會的成員，能清楚了解自己目前與僕人式領導高標準之間的距離。簡單地說，就是要確認標準與現況之間的差異。

數年前，我們發明了一種可以量測個人領導技能與僕人式領導之間差異的工具。這個工具被命名為領導技能清單（Leadership Skills Inventory, LSI），採用匿名的方式，以三百六十度全方位完整制度表現做基準，然後以六個月為一階段，監督整個改變的進行（請參考附錄二）。

（請參考附錄一）。除此之外，也應該完成領導技能清單中的自我評量（請參考附錄二）。

領導技能清單是一項容易執行的工具，整個過程大約可以在十五分鐘內完成。它包括了二十五個敘述性問題，再配合兩個開放式的申論題。一般而言，領導技能清單的問題中有不少需要由被評量者的下屬、同儕、長官、顧客、供應商、家人，或是其他人來進行答題，在所有的答案蒐集完成之後，才可以對被評量者進行評分。

依據這份清單，每一位參與者都會得到一份總結報告（請參考附錄三）。上面會依評比排列出參與者的優勢以及弱勢（差異）。藉此協助參與者明確地了解，他們個人的機會可能在哪裡。

將每個人的自評部分與他們的三百六十度回饋並列比較，就可以看出他們眼中的自己跟他人眼中的有何差別。

附帶說明，三百六十度回饋方法在美國已經不盛行了，現今超過一百人的企業中，大約有三分之二的企業都已採用其他類型的三百六十度評量方式。其中的差異在於，領導技能清單主要的量測重點，是僕人式領導原理。

現今多數企業或領導人之所以無法有效使用三百六十度回饋方法，在於他們無法讓整個回饋更具邏輯性；他們無法要求領導人設定明確且可以量測的計畫以縮短差距；他們無法承擔持續性改變的責任。

步驟三：磨擦（消弭差異以及測量結果）

正如前一章所討論的，適當的磨擦對改變來說相當重要。俗語說：「要怎麼收穫，先那麼栽！」

為了製造出適度的磨擦，你也可以稱之為「健康的緊張」（healthy tension），最重要的就是要讓別人都能夠相信，領導高層完全支持這樣的過程，並且期待能看到經由成長及行為改變所達到的持續改善。

而為了監控並量測這樣的改變，公司每一位參與者在每一季都應該建立兩項SMART（特定的、可量測的、可達成的、相關的，以及有時間限制的）行動計畫目標（請參考附錄四的內容）。這些目標就是依照先前於領導技能清單中所得到的結論訂定的。

SMART行動計畫目標應該包含培養個人的耐性、謙卑、尊重別人、感恩、發展主動傾聽技能、學習如何與他人面對面溝通的技能，或是在第四章到第五章中所列舉的關於性格方面的技能。

有人或許會質疑，為什麼我強調的重點都集中在領導人的人際關係層面，而不是以工作或技術方面的技能為主。事實上，我們也曾專注在工作或技術方面的討論上。但是這麼多年來，我們發現泰半的經理人很少會在工作或技術方面有所困擾。我們可以確認的是，這些經理人之所以被提拔到現在的位置，最主要的原因就是因為他們的專業能力以及技能。領導學專家華倫・班尼斯（Warren Bennis）曾說過：**「我未曾見過任何一位經理人是因為技術方面的不足而遭到開除或排擠，但是，我卻曾見過有不少經理人因為缺乏判斷力，以及不好的性格而遭到排擠。」**

整個流程的理論基礎，就是以雙管齊下的方式，協助經理人改變以及成長。

第一個方式就是讓經理人了解，他們的行為以及壞習慣是他們想成為有效率領導人的阻礙；第二個方式就是要協助經理人根除這樣的不良習慣，同時，也要培養良好習慣。這些較新、較好的習慣必須被反覆練習，一直到舊的習慣完全被根除，而新的習慣成為制式行為為止。這個練習必須一直持續，使這個新行為（技能）能成為下意識行為為止。

更多有關「摩擦」的優點

除此之外，每一位參與者在每一季都要參與持續改善小組會議（Continuous Improvement Panel, CIP），針對領導技能清單的結果進行討論，同時也應提出他們的SMART計畫以及目標。持續改善小組可由企業最高階層的決策者、人力資源處的員工，以及參與改革成員的直屬主管組成。整個持續改善小組最主要的功能，在於提供支持與資源，藉以提升整體的責任感。當某一位成員在企業的執行長，或其他的高階主管面前承諾投身於持續性改革時，他就應當了解，在未來自己的一切過程都將被評估，因此，持續性改善以及成長的需求，就成了一個既明顯又迫切的重要議題。

為了創造出更進一步的「摩擦」，參與者必須與自己的同儕或部屬分享他們的LSI總結報告以及SMART的行動計畫與目標。有句俗諺說得很好：「如果你想要減肥的話，那麼，你就應該跟四周的人大聲宣揚你的企圖！因為，你的鄰居或是朋友一定會常常詢問你有關減肥的進度！」一旦參與評鑑者與部屬或同儕分享這些事情之後，摩擦以及責任感就會大幅提升。

同樣的，在每季的持續改善小組會議之後，我們會對參與者推薦一些進一步的訓練課程，以強化參與者的基礎。我們提供的訓練包括了社群的建立、績效規劃，績效面談、有建設性的原則、性格以及專業養成、同理心的傾聽技巧、自信，以及更多有關僕人式領導的訓練。不論我們採用的模式是什麼，最重要的還是持續加強大家對僕人式領導原則的了解。請記住，我們都需要被不斷提醒。

最後，參與整個流程的人在每個月都會被分派小組習作，最主要的目的就是要能將所學習過的原則實際運用在生活之中。舉例來說，每個月，團體的成員都要聚在一起，每位成員都應該花四分鐘的時間描述自己生活中的一個小故事。這麼做的目的，最主要是要讓每個人都能很有自信地在眾人面前進行簡報；其次的目的就是要所有參與者可以「更為深入」地實際運用，而不是只流於形式的空口說白話。這個目的可以讓所有參與者學習謙卑與改善不足之處，而這兩項都是領導的重要特質。

總結來說，步驟三需要領導團隊去營造出一個健康的緊張，以及責任分級。以我們的經驗來看，一旦各種層次的摩擦陸續出現，每一位參與者的缺陷就無處可藏。每一位參與者都需要做出自己的選擇，決定自己是要面對成長以及改變，還是選擇離開這個組織。因為他們如果不離開這個組織，將會出現不適任的情形。但是，有時也會有例外的情形發生，只是這樣的例證只占所有參與者的百分之二而已。因此，不論在任何前題下，每一位參與者都必須做出屬於自己的選擇！

流程可能帶來的額外利益

這幾年來，這樣的進行模式已經經過了多次的演進以及改善，我們也因而發現不少十分有效的附屬效益。

其中一項效益是，整個領導團隊的成員更加團結了，而且團隊之間還發展出一種「團隊」運作的精神。經由學習以及分享，每一位團隊成員之間的開放、誠實都逐漸提升，而這也成為在組織中建立較高層級團隊的基礎。

整個評估的流程還包括整體組織中的所有基層員工（rank-and-file），同時還會與這些基層員工溝通，讓他們了解整個領導團隊是全心全力致力於持續性改革，而整個團隊也會以成為最佳的領導團隊自許。在這樣的狀況下，整個領導團隊也同時建立了威信，讓他們得以要求組織內的所有成員，盡其所能，發揮最大的潛能來行事。

對於流程的其他想法

對於企業界不能堅持讓所有領導階層都能夠持續的改善，以及努力成為最佳領導人的態度常令我感到訝異。因為，領導階層擔負的責任十分重大，他們涉及的層面也較廣，因此，對我而言，組織應該將自己的注意力集中在：如何幫助領導人發展他們的領導技能以及性格。

所有美國本土企業可以回饋給這個社會的絕佳機會，在於讓自己企業的成員能發展自己的性格，這就正如本章一開始引用前嬌生企業（Johnson & Johnson）執行長勞夫．拉森的話。當性格的良莠成為工作場所中的一種評估標準，人類就有了學習與成長的機會，而這股影響將會蔓延到整個社會上。

當我收到一些參與過研討會成員的配偶或家人的來信、或電子郵件，稱讚著自己的另一半在最近這段時間的改變，我想這就是我個人最有成就感的時刻了。一個人性格上的真實改變，可以在他的生活上處處得到驗證。

顯而易見的是，整個流程除了必須得到參與者的全心投入之外，也需要組織高層的支持。事實上，我常常要求整個組織高層必須參與這樣的改善流程，因為，他們也需要成長、需要改變，同時也理應成為公司員工的典範。正如知名的暢銷書《領導統御與新科學》（*Leadership and the New Sciences*）作者瑪格麗特．菲特莉（Margaret Wheayley）所言：「你在組織中的位階越高，你所需要進行的個人改變就越多！」

可以確定的是，如果我可以得到組織高層的全力支持，那麼，我的工作就會變得十分簡單。曾經有過這樣的一段時間，我與一群十分投入的成員一起進行整個組織的改革，通常大約都是三到四個星期之後，整個改革團隊就可達到共識。而在那一刻，大家的相同感覺是：「哇！我們真的很投入耶！」一旦這樣的感覺在團隊裡出現時，整個組織的改革腳步就會進行得更快！

請記住，「我應該怎麼做？如果我做不到，會有什麼結果？」我深信所有組織對於自己團隊的成員，尤其是組織的領導人來說，都有回答這兩個問題的道德義務。

我必須是個完美的領導人嗎？

我們告訴每位參加這項流程的參與者，他們可能是一位十分失敗的領導人，但是沒有關係。因為，更重要的是，我們希望每位參與流程的人都能讓自己的學習曲線持續往上爬。發展領導技能的目標，並不是要讓每一位參與者都成為完美的領導人，而是要能持續改善。並不是每一位成員都可以成為美國人所崇拜的對象、頂尖的業務人員，或是致辭代表，但是每個人都可以盡其所能做到最好。美國大學知名的籃球教練約翰・伍登是這樣形容的：「完美是不可能的任務，但是，渴望變成完美則是可以期待的事。」

當你正經歷一段改革過程時，你必須知道在整個過程中，有時可能會驚險刺激，但有時也會索然無味；有的時候壓力會很大，甚至痛苦萬分。整個流程有開始有結束，每個人都應該牢記，一個人的改變並不是「成功或失敗」兩者擇一，更確切地說，改變以及持續性的改善是一種「多或少」，以及「更好，或更壞」。在整個改革流程中最重要的是要能夠相互鼓勵、相互打氣，這樣才不會有人在中途因受到了阻礙而意志消沉，想要退出放棄。當然，最重要的還是全心投入，同時堅信最後一定會獲致美好的結果。

我們面對的是一個沒有終點的流程，因此，在整個旅程中我們必須持續前進，然後，我們才能經常對自己說：「我雖然還沒有成為我想要做到的那個人，但是，我已經不是過去的我了！」

所以，拋開「完美」這種論調。近年來，社會對於領導人的要求愈來愈嚴苛，希望他們能成為完美的人。「人非聖賢，孰能無過」，你的員工可能會讓你十分失望，他們可能在某一段時間表現得十分優異，然後又出狀況，可是，之後，又可以大步向前，繼續前進，這樣的狀況其實都還是在可以接受的範圍。因為，事實上這就是人之所以為人的條件。

我最喜歡的一個關於美國內戰時期的小故事是，林肯總統身邊的顧問經常在他面前抱怨葛蘭特將軍（General Grant），說他常常在戰場上喝得酩酊大醉。林肯總統當時就以葛蘭特將軍在戰場上的英勇事蹟來回應他們的責難，並且說：「也許我們應該查看看，一位戰功彪炳的將軍，他最愛喝什麼牌子的烈酒，然後多訂購一些這個牌子的烈酒，再送給每一位在戰場上的將軍們飲用！」

9 激勵以及其他要素

How to Become a Servant Leader

嚴厲地鞭策他人並不能讓你得到最佳的回報，你必須激發出他們內心的熱情，才可以達到你的目的！

——尼爾森激勵公司總裁（Nelson Motivation Inc.）鮑伯．尼爾森（Bob Nelson）

大多數人都會同意，激勵是領導的重要組成要素。本書最後一章將致力於討論這個常常被誤解的議題。此外，本章後面的部分則將專注在我近年來所蒐集到的有關僕人式領導的基本要件，以供大家參考。

從一般常識以及兩千多年來的研究指出，人類的行動（action）往往都受到行為結果所驅使。曾受過獎勵的行為往往會一再重複，若是曾遭受懲罰，或是容易被遺忘的行為，就會自然中止。由以上的觀察可得知，藉由獎勵以及懲罰激勵人們有所行動，這就是激勵最主要的用意。這一點其實與事實相去不遠。

趕鴨子上架

當我詢問參與訓練課程的聽眾，一個稱職的領導人應當如何激勵部屬有所行動時，我總是聽到一些陳腔濫調，「你可以在他們的後面，趕鴨子上架！」（KITA, Kick in The Ass）。

而對於較「文明」的聽眾而言，對於這種回答可能會相當驚訝，然後，他們會略帶自豪地回答說：「你沒有必要採用這種方式來激勵部屬吧！老天啊，現在都已經是二十一世紀了！你只要提出一份公正的績效給薪制（pay-for-performance），這就足已讓你的部屬採取行動了！」接下來整個研討會裡，這些參與者開始爭辯哪一種激勵方式最適用於激勵部屬。這種「賞或罰」的討論，事實上還頗有樂趣。

但是，雙方參與者似乎都沒有察覺一點，那就是他們所談論的其實是一件事情的一體兩面。趕鴨子上架可以採用「賄賂」的正面方式，或「懲罰」的負面方式處理；但是，這兩種行為操縱的方式完全與激勵無關。

讓我用一個實例來說明，因為一時心軟，你同意你的另一半買了一隻相當醜的白色貴賓犬回家，某天，你看到這隻貴賓犬大剌剌地躺在你最心愛的椅子上，你用報紙拍打牠，喝令牠離開你的椅子，這隻被觸怒的貴賓犬對著你吠叫，但同時也很快離開了那張椅子。

問題來了，你是採用激勵的方式，讓那隻貴賓犬離開椅子的嗎？我可以聽到很多人斷然地回答：「是」。

但事實是，在整個過程中唯一受到激勵的人，只有你自己而已。你想要讓貴賓犬離開你的椅子，而那隻貴賓犬其實還是很想躺在那張椅子上，因此，在你離開家門之後，牠還是會爬上你的椅子睡覺。你覺得用這種「趕鴨子上架」的負面方式，可以讓貴賓犬持續遠離你的椅子嗎？

而隨著時間慢慢消逝，你的另一半以離開為威脅，要你別老是一看到貴賓犬爬上你的椅子，就用拍打的方式趕牠下來。因此，你決定採用較文明的一種方式，也就是正面的KITA方式。往後，一旦你看到牠又爬上你心愛的椅子時，你就會用香脆的油炸培根誘使牠自願跳下椅子。

但問題又來了，你這樣的行為算是激勵這隻貴賓犬，讓牠自願地離開椅子的嗎？很多人仍舊斷然地回答：「是」。

在這個過程中，你仍然是唯一受到激勵的人，因為，這隻貴賓犬還是會爬上你的椅子，而且這是在極短的時間內就可以見到的行為。

真正的激勵

唯有真正了解激勵方法，我們才能談論什麼是真正的激勵。真正的激勵就是影響以及啟發人們開始行動，同時也啟發他們內在的「發電機」。激勵就是要讓人們的外在行動與內在渴望合而為一，讓他們願意做到最好，同時，願意為了整個團體盡心盡力。

請記住，我們不可能改變任何人。我們唯一能做的，是影響他們未來的選擇。賞與罰其實只是短期治標的行為，這樣的行為並不能贏得部屬的信服。管理界巨擘彼得·杜拉克是這麼形容的：「**金錢上的誘因早已成為一種權利而非獎勵**。加薪通常被視為是特別優異表現的獎勵，但是，要不了多久，這也將成為一種權利而已。因此，相對的，拒絕加薪也只會被極少數人視為是一種懲罰。這種對於獎勵要求的增加，將使得這種方法成為沒有效用的獎勵及管理工具。」

滿足VS.激勵

數十年前，赫茲伯格（Federick Herzberg）曾領導一群行為學家就工作上的激勵行為進行深入的研究。

這一群行為學家們將他們的研究結果分為兩個項目：滿足因子以及激勵因子。而在五十年之後，我們對於他們的發現仍然難以理解，因此，也不知道是否該相信這樣的結論。

滿足因子（**通常也稱為安全因子**），也就是公司必須提供員工得以維持基本生活的最低需求，而這些最基本的需求包括了工資、福利、安全的工作環境，一旦這些需求被滿足了，那麼，之後如果只是再增加滿足因子，也無法激勵員工更加努力工作。舉例來說，對一位相當滿意公司福利的員工而言，即便公司進而提供寵物的健康保險，你認為這些員工就會更加努力工作嗎？然而，一旦員工對其中一項安全因子不滿意時，他們就有可能開始在工作上懶散。

另一方面，所謂激勵因子就是刺激人們能在工作上付出更多的努力以及熱誠的因素。激勵包括了肯定、讚美、尊重、個人成長、挑戰、有意義的工作，以及工作成就感。赫茲伯格認為，增加激勵因子就可以促使人們付出更多。

更多的證據

你或許曾看過六十年前的一篇研究報告，這份報告內容顯示，經理對員工需求的認知，與員工認為真正重要的需求之間，其實存在著很大的落差。而在過去二十五年之間，至少有三篇針對同一議題的研究報告，也得出了相同的結論。

當經理人被詢及「員工想要從工作中得到什麼？」時，多數的經理人都會這樣回答：「金錢！」其餘的人則可能回答：「升職或是成長的機會！」「工作的穩定性。」總之，金錢一直被經理人列為首項。

而當員工被詢及「員工想要從工作中得到什麼？」時，這些研究結果卻顯示，金錢的排名可能被列在第五名至第七名之間。其他可能的答案，如「工作完成時得到稱讚」、「覺得可以融入工作中」、「老闆關心員工的問題」以及「工作的安定性」這幾個選項總是遠超過金錢的排名。

一九九六年時，全美大學與雇主協會（the National Association of Colleges and Employers）曾針對學生進入職場後最關心的事項，進行深入的調查。以下是這項調查的結果，並依其重要性排列：

- 能做自己喜歡的工作。
- 在工作上能應用到自己的技能以及能力。
- 能有所成長。
- 覺得自己對公司而言很重要。

- 獲得優渥的福利。
- 工作表現良好並得到認同。
- 上班地點是自己喜歡的區域。
- 薪資十分優渥。
- 以團隊的方式工作。

雖然在過去這十幾年間，我們早就將這樣的排名視之為老生常談，但還是有很多的經理人沒有聽到其中的重點，或拒絕相信這樣的事實，甚至不願意付出努力以滿足員工較高層次的需求，進而達到激勵員工的效能。

如果你覺得這些經驗法則方面的研究報告還不足以說服你，威奇塔州立大學（Wichita State University）的管理學教授傑若・葛拉罕（Gerald Graham）在他的研究報告中更指出，「職場上最有力的激勵方式，就是經理人對於每一位員工個人的認同以及鼓勵。」事實上，這項研究報告中還指出，**激勵員工最有效的方式為：一、經理人親自致謝；二、經理人親筆撰寫的感謝函；三、傑出表現後的升職；四、在公開場合上的稱**

讚；五、激勵士氣的會議。但還是有不少人認為，這項研究結果其實是眾所皆知的常識而已。

常識？也許這是常識，但是，這樣的常識能被實際應用嗎？

葛拉罕教授更進一步地將研究的結論，與先前對於員工方面的研究結果比對，發現有百分之五十八的員工極少或從未因為自己在工作上的優秀表現，而得到經理人的讚美；百分之七十六的員工極少或從未接獲主管親筆撰寫的感謝函；更有百分之七十八的員工極少或從未因為自己傑出的表現而獲得升職；百分之八十一的員工極少或從未在公開的場合獲得主管的讚美；更有百分之九十二的員工極少或從未參與過任何一次激勵士氣的會議。

葛拉罕教授對此所下的結論是：「**即使這些能獲得最大激勵效益的技巧是如此簡單，但卻極少被實際應用。**」

即使有了這麼多經驗法則可以驗證，滿足人類深層需求的重要性，但多數的經理人還是拒絕相信；更精確地說，他們拒絕依照驗證過的事實行事。

下面哪一種方式需要投入較多的精力：增加滿足因子，還是增加激勵因子？給予員工獎金或譴責，的確比給予員工明確的讚美，或安排一次激勵士氣會議要來得簡單許多。簡而言之，要達到激勵效率，我們必須要願意為了員工的深層需求而犧牲奉獻。許多資深員工間流傳著這麼一句諺語：**「我的薪水是我的權利，經理人的讚美則是一項禮物！」**

多年來，不少人嘲笑類似玫琳凱這樣的企業，他們花了很多的錢，就只是為了舉辦幾場激勵員工士氣的會議。直到二○○四年，知名的重量級企業沃爾瑪百貨，也開始舉辦這類激勵士氣的會議！

再也沒有人會嘲笑這些企業了！

不行！我只想賺錢！

即使激勵的重要性一再獲得驗證，但仍有許多人對此心存懷疑。

參加我的訓練課程的學員通常都能耐著性子聽我說明這些案例，但在課程之後，總會有一個較勇敢的學員走向我並說：「吉姆！我覺得你所提到的『讚美與認同』的方式，的確是很不錯的想法，但最後人們最關心的，還是只有金錢而已啊！吉姆，別讓那些人欺騙了你啊！『他們其實只關心如何賺大錢而已啊！』」

千萬別誤解我的話。金錢相當重要，當你領不到一週薪資時，你就會知道金錢的重要。我這裡要強調的是，每一位員工得到的報酬，必須要能同時滿足其物質及心理上的需求。也就是說，你不必支付員工在同業間最高的薪資，當然也不能是最低的；然而，一旦員工獲得的報酬是公平且令人滿意的，那麼，以報酬做為激勵的價值將大大降低。這就如同暢銷書《團隊的智慧》（*The Wisdom of Teams*）的共同作者瓊·卡然巴哈（**Jon Katzenbach**）所說的，金錢或許可以吸引及留住員工，但唯有激勵才能讓員工有優越的表現。

當我與企業的基層員工面談，詢問他們到底哪裡出了問題時，你猜他們的答案是什麼？沒錯，就是「錢」。不論是企業經理人、高階主管或甚至負責駕駛堆高機的恰克所給我的答案都一樣：錢。但事實上是，這些人都錯了。問題的答案跟錢一點關係都沒有。負責駕駛堆高機的恰克也會向我抱怨都是金錢惹的禍，但是，請大家猜猜看，究竟整個問題的答案，是不是只跟金錢有關。

我花了好幾年的時間才想出答案是什麼。多數人之所以把問題都歸咎於金錢上，最主要的原因在於每一個人都想要擁有它。

一些固執的傢伙所不願談論的事，如信任、感謝、尊敬、仁慈，以及關心，才是問題的關鍵所在。「我們不再信任你了！」「我們不再關心了！」「你一點也不懂得感恩！」「你大可以向工會的成員告狀，但他們不會幫你的！」這些才是最重要的議題。

我還記得有一次一位粗暴刁蠻的卡車司機公然反駁我，他認為金錢才是長期有效的激勵因子，為了平撫他的情緒，我決定問他一個問題：「你對工作投入多少心力？」他很自豪地回答我：「百分之一百一十！」姑且不考量他聲稱的百分之一百一十根本是不可能的事，我又問了他一個問題：「如果公司把你的薪水加為現在的兩倍時，你所投入的心力又會是多少？」他還是同樣回答：「百分之一百一十！」當時，我只回問他一句：「為什麼你所投入的心力都是一樣的呢？」

想一下婚姻這件事，婚姻是兩個人為了共同的目的所組成的組織。在美國，有百分之五十的婚姻都是失敗的。你知道離婚的原因中，排名第一的是什麼嗎？就是金錢！在美國，財務困難是美國夫妻離婚的首要原因。現在，你還相信這種理由嗎？如果真是如此，那麼，這樣的現象是不是暗示著社會經濟地位較低的夫妻，可能遭遇離婚的比例是最高的，貧困的夫婦不可能有快樂的婚姻生活。這實在是一個十分可笑的說法。事實上，失敗的婚姻往往都是起源於失敗的人際關係。只是就多數人而言，把一切歸咎在金錢上，可以減輕他們面對失敗婚姻的痛苦。

激勵志工們的又是什麼？

如果你還是堅信，金錢才是激勵人心的最重要手段，那麼請你回答以下的問題：志工組織是如何號召群眾加入他們的行列？志工組織是如何讓所有的志工在沒有金錢的動機下，願意奉獻自己的時間、才能及其他資源，投入這樣的義務性工作呢？

在我常去的那所教會，我遇到了一位非常虔誠的中年教友，每當我開車經過教會時，我都可以看見他正在幫教會漆油漆、割草、更換燈泡，或是整理環境等等。這位虔誠的男子似乎是把所有的時間都奉獻給了教會。

之後，一次偶然機會，我遇到這位男子的雇主，我忍不住向他稱讚這位教友的善行。他的雇主對我的話相當訝異，然後，他這麼回答我：「我想他可能是我遇過最懶惰的人了！再這樣懶惰下去，我猜他連自己的心臟都會懶得跳動了。」

如果金錢是激勵人們努力工作的最佳良方，那麼，我居住的城市（底特律）裡的所有汽車廠勞工，就是全美國工作最努力的人了！但我可以證明事實並不是如此！

現在，讓我們想想，那位願意為教會奉獻一切的教友，為什麼他在工作上的表現卻完全相反呢？

首先，教會的優異領導給了這位教友許多正面的影響，而教會的優異領導憑藉的是威信而不是威權，教會長期以來一直能為這位教友付出關心，並且還能滿足他的合理需求。其次，他堅信教會的使命，也相信自己為教會所做的事是具有重要意義的。而這意義正好符合他的需求，因此，也成了激勵他行動的最主要因素。

第三，教會總是能適時地在公開的場合感謝這位教友的貢獻，教會牧師總會在自己佈道時，找一個適當的機會向這位教友表達感謝之意，如「我相信大家都注意到座椅上了蠟，我們要感謝這位教友的辛勞。」

而在教會年度的會議上，他也常常因自己的無私奉獻而被頒發獎牌或獎盃，藉此對他的善行表達感激之意。簡而言之，在這所教會中，他覺得個人受到重視、尊敬，以及認同。每一個成員都關心他，**讓他有「被需要」的感覺**。

第四點，他所屬的團隊表現優越，讓他也連帶受到鼓舞。組織的領導團隊必須致力於員工的訓練以及發展，讓員工可以完成組織的使命。就如同教會的整體表現也相當出色，我們從教會所主持的主日學、為遊民建立愛心之家，以及牧師準備他的佈道等方面得到驗證。

第五點，他覺得教會是一個可以讓他分享自己的快樂、夢想、悲傷、關心、恐懼等的團體。他逐漸愛上教會中的每一個人，也很高興能跟這些人相處，換句話說，在教會裡，他得到了如「在家般」的安全感。

其他必要的條件

我所知道的大部分成功企業或組織都能了解，並盡其所能地朝向滿足人類共同的深層的需求而努力。

而所謂人類深層需求，包含了下面這些要件：

- 對於偉大領導方式的需求。

- 對於意義以及目的的需求。
- 對於被讚美、被認同，以及被尊敬的需求。
- 對於成為優越（特別）組織一員的需求。
- 對於加入一個成員間會彼此關懷的組織的需求。

成為偉大的領導人

我已撰寫過兩本有關於領導的著作，所以，我個人十分深信，優秀的領導是滿足人類需求以及組織成功運作的基本要件。

本書最重要的論點之一就是，領導是一種可以經由學習、發展而獲得的技能。不幸的是，即使多數的美國企業同意領導是一種技能，但是，他們在處理相關問題時，又並不是真的將領導視為一項技能。以下的例子可以驗證我這項說法。

假設你開設了一間公司，你公司的主要資產之一是一台又大又高的複雜機器，這台機器平常就放置在你那一萬平方呎的倉庫中央。

這台高科技設備掌控公司產品的產量及品質，所以稱得上是公司的命脈。這台機械能全自動生產，不但可以協助將產品裝箱、打上標籤，同時還可以將打包好的商品郵寄出去。但是這台機械最致命的弱點在於，如果這機械停擺的話，你的整個事業也會隨之停擺。也就是說，如果沒有這台機械，你的事業就岌岌可危。所以，這台機械是你事業的最重要資產。

現在，你必須決定雇用誰來負責這台機械的維修，以確保它可以正常運作。這位負責人必須進行一項極重要的預防性維修作業，以避免未來有可能因為機械停擺而造成的損失。在這樣的前題之下，你會雇用什麼樣的員工負責這項重要職責呢？

你會只是刊登一則徵人啟示，然後從所有應徵者裡挑選一位最資深的應徵者來擔任這項職務嗎？你會挑選一位開堆高機的高手嗎？還是讓你那位散漫的小舅子來負責這台機械的維修？你會讓你的小舅子參加一個為期一天的訓練之後，就擔任這項職務嗎？

我想你絕不會這麼做的。

我想你一定會挑選一位你所能找到的最好技工，同時，你還會不斷地要求這個人持續改善自己的技能，並隨時學習最新的技術。你也會毫不猶豫地付錢送這個人去參加一些相關的訓練；務求讓他的技術能不斷更新。對於企業這麼重要的資產，你一定會願意耗費鉅資，以確保有最優秀的技術人員可以負起這麼重要的責任。

如果你是企業的決策高層，同時，你也認同領導便是辨識並滿足員工的需求，那麼，你的員工的最大需求是什麼？你公司的最重要資產的需求又是什麼？他們需要的是最好的領導，他們需要的是你能找到最好的技工來進行維修。我想只要是一個偉大的組織都能洞悉這個重點。請記住，強將手下無弱兵。

在這裡，讓我們看看領導人發展的另一個重點。我在二十五年前就深知，足以影響企業內部勞資關係的關鍵人物，就是站在第一線的管理者。我曾經數次聽過這樣的說法，但是我從不相信。我一直認為只有擔任人力資源工作的員工、公司的總經理或企業的執行長，才是員工關係的關鍵人物。但在經過了這麼多年之後，各位不妨猜猜看，我現在的想法是什麼？

沒錯！我現在深信足以影響員工與企業關係的關鍵人物，就是第一線的管理者。

也許，人力資源處那傢伙是個很外向的人，總經理是位很棒又有原則的女性，而企業的執行長是個英俊又口才流利的人，但這些人對第一線員工的重要性，還不如他們的直屬主管。如果我的老闆人很差勁，那麼，我的工作表現也應該會很差勁。員工的直屬主管才是他們每天真實生活中所要面對的。

如果，員工無法在現實生活中滿足自己的需求，那麼，企業領導高層就要小心了。請記住，有三分之二的員工並不會辭職，他們只會放棄他們的老闆。

創造具有意義與目的的行為

人類有極深的渴望，希望自己的生命能有意義、有目標。因此，如果整個組織可以協助他們得到心中的需求，他們就會戮力地為組織付出。

每個人都希望相信自己所做的事是十分重要的，而且還能對世界有所貢獻。每個人也都希望知道，自己所屬的組織能堅持目標，並且一切行事都依循規範。每個人希望從平實的生活中創造出不平凡的價值，同時激發出自己的最大潛能。每個人都想要找到一個能在個人價值與企業價值間取得平衡的方法。每個人總是努力地想找到一個能讓自己的生活更有意義的方法。

領導人最主要的目的之一，也就是成為一位「傳教士」，時時提醒每一位成員，整個組織代表的意義是什麼、組織的價值是什麼、組織想要完成的目標又是什麼等等。領導人同時也必須提醒員工「組織的規定」是什麼，而整個組織所能容忍的行為又是什麼。此外，他也必須經常告訴所有員工，他們對企業的重要性，以及他們的工作對企業有何貢獻。

服務大師（ServiceMaster）公司是《財星》五百大企業之一，總部座落於芝加哥。服務大師公司就是一個很好的例證，它為全公司七萬五千多名員工提供生活的目標以及意義。許多為你服務公司的員工所負責的是被忽視、粗鄙的工作，如清洗廁所、清除廚房害蟲等等。服務大師公司的每一位主管級人物都可以清楚說明，為什麼他們公司提供的服務是十分重要的事，以及為什麼他們的工作可以改善人們的現況。

如果你的公司無法協助你了解自己的工作有何目的或意義，那麼，你就必須自行找出工作的意義。因為，你的公司一定能滿足社會的某種需求，否則，它是不可能存在的。而你個人的目的可能只是希望能比其他人更優秀。至少，你的公司要能夠為所有員工、顧客、供應商提供維持生計的需求，如果你的公司做不到這點，就可能瀕臨危險的邊緣。因此，振作吧！即使你不願意，也必須勉強自己。亞里斯多德曾說過：「只要夠投入，就會產生熱情！」只要你能振作，展現熱情，相信你周遭的人也一定會跟上你的腳步。

總之，如何清楚說明你的企業是如何滿足人類需求，並對社會有所貢獻是相當重要的；同樣的，如何讓所有員工了解企業的行事原則，以及相信公司短期目標就是增加股東價值，這也是十分重要的事。我知道有些人或許沒興趣知道這項事實，但「提高股東價值」這件事對大多數員工而言，並不具有任何激勵作用。

《基業長青》（*Build to Last*）一書作者吉姆．柯林斯以及傑瑞．薄樂斯（**Jerry Porras**）曾如此描述一個偉大的企業：「沒錯，他們一心追求公司利潤，但是，他們也同時遵循一個核心理念——企業的核心價值以及超越賺錢之外的目的！」

善待員工

想想我們身為領導人的沉重責任，我們必須為了那些在工作上投入多數時間的員工提供一個健康的工作環境。

許多知名企業的員工都曾這麼告訴我，他們一天中最棒的時光就是上班期間，因為，公司是唯一讓他們感受到被尊重的地方。

想想看，每一個員工回家後所要面對的可怕環境；想想看，身為一位領導人能有機會為你的員工提供一個充滿敬意、關心，以及安全的工作環境，讓他們遠離每天沉悶的日子，這是一項多大的特權。對員工而言，他們的工作環境可能是他們唯一可以接受他人尊敬、禮遇、認同，以及有歸屬感的地方。

當員工表現優異有所成就時，你必須給予最真誠以及最特殊的讚美，認同他們的成就，同時給予他們優渥的獎勵。善待你的員工，讓他們知道你是真誠的關心他們，而不只是因為他們對公司的貢獻。獎勵你的員工，強調他們對公司的卓越貢獻。協助他們發展自己的性格，同時激發他們發揮最大的潛能。

我曾聽人這麼說過，每個經理人都有必要回答員工心中很想知道答案的一個問題：「你會高興有我這樣的員工嗎？」

請切記，萬丈高樓平地起。千萬要記得將這樣的話隨時掛在嘴邊「請！」「謝謝！」「對不起！我錯了！」以及「你認為如何？」當你在走廊上與部屬不期而遇時，千萬要早他一步開口，同時要找出一些正面具鼓勵性的話題與他交談。你應當持續地練習這樣的說話方式，直到成為習慣為止。多多觀察這樣的談話原則，直到你不必再「試著」去成為一位優秀的領導人，因為到了那一刻，你已經是一位優秀的領導人了。

人類內心最深層的需求之一，就是有人傾聽自己所說的話。**多加練習一些開放式問題的詢問技巧，讓每一個問題無法只用簡單的「是」或「不是」回答。**我想有許多人都有同樣的經驗，當你詢問一位青少年：「你要去哪裡？」你所得到的答案可能就是：「沒要去哪！」。當你再次詢問：「你最近做了些什麼事？」而你所得到的答案將會是：「沒做什麼！」我想你所採取的詢問方法，可能沒辦法得到更進一步的答案。

當你運用開放式的問句時，請多利用這些字：為什麼？什麼？哪裡？如何？覺得如何？你可以跟我聊一下嗎？這裡列出一些簡單的問句例子。

- 你喜歡在這裡工作的原因是什麼？
- 你在這裡工作受到的挫折有哪些？
- 有什麼事情會成為你在工作表現上的阻礙？
- 你如何看待別人對你的工作評價？
- 可不可以聊一聊你的家人？

- 你有什麼需求未被滿足的嗎？
- 如果你可以改變工作中的某個環節，那會是什麼？
- 過去一年間，有沒有什麼事情是值得讓你驕傲的？為什麼？
- 你認為自己的工作還有哪些改進的空間呢？
- 你在工作中受到最大的挫折是什麼？
- 你未來一年的目標是什麼？你如何評量這些目標？
- 你有沒有可以協助改善部門的點子？
- 你有沒有可以協助改善企業的點子？
- 你認為同部門的同事對於達成工作的投入程度有多少？
- 你如何評量自己的工作滿意度？
- 你如何評量你的直屬上司的表現？
- 你能夠舉出領導人需要改進的事項嗎？
- 如果你成為部門的領導人，你會做哪一些改變呢？
- 我該如何更有效地支持你？

- 整個組織該如何更有效地支持你？
- 你對於主管還有哪些想問的問題嗎？
- 你認為類似這樣的談話應該多久舉辦一次？
- 你可以聊一聊來到這個公司之前的經歷以及生活嗎？

要求優越

我深信多數人都想成為與眾不同的人。他們希望能成為一家卓越企業的一分子，因為這家企業的進入標準十分嚴苛，對員工每天的表現都採取高標準，但是，這家企業的員工在每天回到家之後的感覺是很好的，因為，他們正為一個良好的目標而辛勤工作著。

如果一家企業在雇用員工時，只要是身體強健、是活人就可以被錄用，這樣的企業能給員工什麼激勵？如果一家企業員工的表現平凡，只能勉強及格，這樣的企業又能給員工什麼激勵？

我發現不少經理人根本不敢要求屬下做到最好，因為他們深怕這樣的要求會讓員工待不下去。這或許不是真正原因，但至少這是他們告訴我的原因。要求卓越會驅逐平庸的人，這就如同要求平庸，會留不住優秀的人一樣。

領導人必須要維持高標準以及要求卓越表現，因為唯有卓越的表現，才足以創造出正面的自豪以及自信。當員工逐漸地達成目標及獲致成果時，他們的自信心就會相對提升，此時，員工們就會為自己及組織樹立更高的目標。而這種卓越感將不僅是追求成功的基本要素，同時也會蔓延至整個組織。

胡利歐將軍（Major James Ulio）在一九四三年曾這樣訓示著新掛階的軍官：「士氣就是，一位士兵認為自己所屬的軍隊，是全世界最優秀的軍隊；他所屬的連隊，是整個軍隊裡最為優秀的連隊，他這一連是整個連隊裡最為傑出的，他的這一班是整個連隊裡最突出，而他自己則是所有同班弟兄裡最為傑出的士兵！」

傑出的領導人絕不會滿足現況，因為，他們持續追求優越。他們總是保持謙虛，並以更優秀的人為榜樣，努力追求卓越。他們總是全心投入，希望做到最好，而這也激發他周遭的人。並不是每一個企業都可以發展得像沃爾瑪百貨一樣的成功，或是如微軟一樣的賺錢，但是每個員工、甚至每家企業，都有能力讓自己做到最好！

請問你有沒有成為某個優越組織成員的經驗呢？也許是一個常勝的運動團隊、學術研究小組、企業、軍隊，或某宗教團體。試著想想當時你經歷過的驕傲、成就，以及你擁有的自信與成就感。想想你如何被激勵而願意付出更多！你的孩子是否也曾參與過類似的優秀團隊呢？你是不是有必要激勵他為了比賽而多加練習？此時，優秀成了自身最佳的激勵，並可點燃每一個成員心中努力的火燄！

追求卓越是具有渲染性的，一旦所有人了解領導人致力追求卓越的決心，每個人以及組織自然也會提高自己的要求標準。

而當他們達到這樣的成就，回首過去的種種時，他們將會大聲地驚呼：「我們是如何達到的？」

社群的營造

我在最近一次從休士頓前往波士頓的旅程中，遇到一位年約五十歲的海軍陸戰隊退伍上尉。

我個人在某段時間曾對海軍陸戰隊有極大的興趣，因為海軍陸戰隊的聲譽是建立在品質、紀律，以及發揮自我最大的潛能上。我認為與這位退伍上尉的因緣際會，是一個可以讓我測試自己對於領導的一些想法的絕佳機會，因此，我問了他一個簡單的問題。

「先生，曾為海軍陸戰隊一員的你，可不可以告訴我，為什麼海軍陸戰隊可以激發出每個人的最大潛能？」

他的回答，讓我學習不少。

「吉姆，讓我先聲明一點，我並不是『前海軍陸戰隊』的一員，對我們而言，完全沒有『退伍』，或者『曾經是』海軍陸戰隊這樣的說法。因為我們永遠都是海軍陸戰隊的一員。也許我們是後備軍人、退伍軍人，但是『一日陸戰隊，終身陸戰隊！』這樣的信念是永遠不會消失的！」

「至於你所詢問的『激發潛能』以及『完全投入』，這部分十分簡單。美國海軍陸戰隊要求的是高標準，因此，每位海軍陸戰隊隊員都以身為這個團隊的一員為榮。**你不只是『加入』海軍陸戰隊，你是『成為』一名海軍陸戰隊隊員**！在這之間也有不少人被淘汰出局，因為海軍陸戰隊的審核標準很嚴苛，優柔寡斷的人不可能成為海軍陸戰隊的一員。」

「當你成為海軍陸戰隊隊員時，你一定會引以為榮。身為海軍陸戰隊的一員，就意謂著我們成為責任、榮譽，以及信念的代表，而這樣的想法更賦予我們生命的目的以及意義。一旦你身為這些事的代表時，你就會全力捍衛它。」

「最後，我想強調的是，只有愛與尊敬才是激勵每一位海軍陸戰隊成員的最大力量。身為海軍陸戰隊的一員，你最不想看到的就是讓團隊或夥伴對你失望。吉姆，海軍陸戰隊並不只是為了國家，或長官，最重要的是為了我們所尊敬的夥伴！」

社群的營造，其實就是營造一個健康的環境，讓每一位成員都可以在其中自在、有紀律地生活與工作。現今許多十分成功的企業都擁有這樣的才能，可以創造出一個超越社會、政治、種族、位階等的環境。這些企業努力地讓所有成員找到共同點為大家的共同利益而一起工作。一個優秀的組織會努力減少或消除一些不必要的障礙，如欺騙行為、位階上的威權，以及祕談協商等足以消耗組織或個人精力的事。

社群並不是一個完全沒有衝突的地方。事實上，只要由兩個或兩個以上的人，為了共同的目的而結合的團隊，彼此之間就有可能發生衝突。社群中不可能完全避免衝突，因此，社群中應該要有解決衝突的方案，社群的每位成員應該學習如何以恭敬的方式處理衝突。此外，組織的成員也應該了解尊重對方、用心聆聽的重要性，並且要對新的挑戰保持開放的心態，以及接受在健康的組織中所呈現的多元性。

杜克大學男子籃球隊首席教練邁可．克瑞休斯基（Mike Krzyzewski）擔任這項職務長達二十四年，在這段期間他創造出六百零一勝一百七十六負的輝煌紀錄，同時他也是過去二十年來最佳的大學男子籃球隊教練。

當他被詢及個人成功的原因時，他談及自己的老婆，以及三個女兒對他的影響：「這麼多年來，我的家庭由女性營造出一個可以彼此分享個人感受的環境，而我也將這樣的方式運用在指導球員上。我跟所有球員說，這不是娘娘腔的行為，這是要讓你們成為更完整的人，你們要學會互相擁抱、哭泣、大笑，以及分享。如果你可以營造出這樣的環境，那麼，整個團隊就會表現得更有深度了！」

社群的營造也促使一些團體能達成自己的功能，如「卡內基訓練」、「戒酒協會」、「體重控制中心」等。因為這些組織能讓成員拋開彼此間的差異，真正討論一些核心問題。

當一個組織可以排除阻礙健全人際關係及團隊生存能力的藩籬後，整個組織將出現十分驚人的成長，同時，組織也會變得更有效率，並成就更偉大的成果了！

Y世代的年輕人是怎麼了？

我常常接到一些在戰後嬰兒潮期間出生的經理人，對於X世代、Y世代年輕員工的怨言。他們聲稱這些年輕人一點也不懂得忠誠，也不會為了生活而努力工作，凡事以自我為中心……諸如此類的抱怨有一長串。

我們可以想像得到，其實那些出生在第二次世界大戰時期的父母們，他們也是同樣地抱怨著這些戰後嬰兒潮時期出生的族群；希臘哲人蘇格拉底的父母也是同樣地抱怨著他們子女那一代的族群。以我個人的經驗而言，**這代年輕人比起我這個世代，並沒有更好，也沒有變得更糟。只能說，這兩代之間的確存在著一些差異。**

我也發現，這些年輕人真的有探知言行不一致的敏銳直覺，如果你無法通過他們這一關，你很快就會被淘汰。舉例來說，這些年輕人相當厭惡那些一方面輕薄女性，一方面又義正辭嚴地向他們說教的獨裁領導人。

多數Y世代的年輕人都很沒有耐性，想要什麼就立刻要得到！除了尊敬一些有成就的人之外，其他的人不管年資的深淺，或是職位的大小，一概無法獲得他們的尊敬；

Y世代的年輕人十分重視塑造個人形象，這點可以由他們崇尚刺青，或是在身體上穿孔打洞上看出；Y世代的年輕人十分注重自我意見的表達，當他們發言時往往都是暢所欲言，但是不會預設立場。最重要的是，Y世代的年輕人對於所有組織都抱以懷疑的態度，因為在他們成長過程中，美國的許多組織，從政治組織、商業組織，甚至教會組織、軍隊等，都曾發生醜聞，這些都影響了他們對於外界環境的看法。

另一方面，Y世代的年輕人相當獨立，適應能力強，也具有創新的能力，對於電子以及電腦等新事物的處理能力也較強。因為個性上的多變，因此，他們對於多元化社會也有高度的容忍性。更有甚者，如果個人或組織可以符合他們對生活的目的及意義的高標準要求時，Y世代的年輕人也可以十分地忠誠，完全地投入。

他們每週只願工作四十小時，其餘的時間，他們要充分享受生活。與其要責備或抱怨他們這種工作態度，還不如接受這項事實。這種堅持每週工作四十小時的態度，正好與他們堅持每週工作七十小時的父母，形成一項直接強烈的對比。

也許，我們可以從這兩個彼此不同的世代之間學習些什麼。

尾聲

本書接近結尾，我想與大家分享的是，過去數十年間我從自己所接觸過的最傑出組織那裡得到的珍貴體驗。

- 千萬要記住，領導就是犧牲奉獻。
- 謹慎選擇員工。
- 當新人加入你的管理團隊時，要熱情歡迎他們的到來；同時，也要引導他們步上正軌。千萬別忽視第一印象帶來的影響。
- 為自己的工作找到目的及意義，並且要時時提醒自己。
- 努力讓員工的工作更具挑戰性、樂趣以及意義。
- 讓每個人都得到合理的報酬。
- 善待每一位員工。
- 辨識出好的領導人，並協助他們發展。
- 對領導人要求卓越及責任感。

- 堅持個人持續性的改革。
- 對於表現優秀的員工，應適時給予應得的報酬。
- 建立企業社群。
- 追求最佳的解決方案，藉以盡力完成被交付的任務。
- 將決策層級推伸至組織最低的層級。
- 為員工規劃訓練方案，同時協助員工發展新的技能。
- 信任員工，相信他們所做的事都是正確的。
- 成為一位誠實的主管，同時也要求所有人都應該誠實；與員工溝通好消息，同時也要溝通壞消息（想想看，員工可能還曾面對過更糟的時刻呢！）
- 重視在工作以及家庭之間取得平衡。
- 注意一些細節，讓公司如同家一般可以給人安定感。

後記

邁出你的第一步

愛，可以治療一個人——不論是付出的一方，還是接受的一方。

——卡爾．麥林格（Karl Menninger）

當我重新審視人類的天性以及相對的改變時，我發現，當人們下定決心要進行改變以及追求成長時，除了意志力的堅持，以及屏除舊習之外，還有一些其他的要素。

為了進一步確認這個論點，追求改變以及成長都需要自覺，知道自己應當負責的部分是什麼，而這也就是本書一直強調的重點。除此之外，我更觀察到，當人們開始練習愛的行為——願意為其他人犧牲奉獻時，此時他們便已經有所改變了。同時，他們的改變，將遠超過他們想像的程度。簡單來說，我認為愛（love）可以從內在改變一個人。

當然，這種想法不算是創新的想法，歷史上許多大思想家、知名的作家、哲學家、神學家、或是詩人，幾乎都曾歌頌過愛的美德。

我的信仰告訴我，《聖經》就是上帝說過最能激勵人心的言論總集。而在《新約聖經》裡面有一段關於上帝與愛的驚人聲明，內容是這樣寫的：「世人如有不知愛是什麼的，那麼他就不認識上帝，因為上帝就是愛。」（〈約翰福音〉第四章八節）請特別注意，結尾採用的敘述，並不是用「上帝以愛為行動基礎」，或「上帝就像是愛一樣」的方式來形容，而是用最直接的文字敘述來表達：「上帝就是愛！」。

當然，我無法詳細解釋這個訊息背後隱含的神學或形而上學的意義是什麼，這樣的闡釋工作還是留給神學家，或學者比較適當。但是，當我鑽研在愛的教義以及上帝在《聖經》中所顯示的性格的時間越久，我開始慢慢地了解，〈約翰福音〉裡所想要傳達的意義是什麼了。

最近，我有了更深一層的體認，如果愛可以改變一個人，那麼，上帝就是變革以及成長的起源。因為上帝就是愛。換句話說，如果一個人可以藉由自己的努力以及開始愛其他人的話，那麼，上帝就有機會在這些「施者」（giver）以及「受者」（receiver）的生命中擔任重要的角色。

奧斯沃・章伯斯（Oswald Chambers）是當代最為偉大的靈修學者，同時也是《竭誠為主》（*My Utmost for His Highest*）一書的作者，這本書現今仍有成千上萬的讀者鑽研其中，這之中還包括了現今的美國總統。在此書的某一篇章中，章伯斯建議我們每個人都要牢記在心的是：「我們不可能達到與上帝一樣的成就，同時上帝也不能完成我們可以完成的事情。我們不能救贖自己，同時也不能將自己神聖化，但是，上帝可以這麼做。上帝不會賦予我們良好的習慣，同時也不會賦予我們良好的性格，上帝更不會刻意讓我們走上正途。這些是我們必須自己經由後天努力習得的部分，我們必須盡自己的力量，為了自我的救贖而努力。」

我希望藉著這本書，能讓更多的人覺醒，進而有所行動。如果你在閱畢本書之後，有些振奮的感覺，請你別再遲疑，盡快邁出你的第一步，朝向這充滿刺激、困難，但卻相當有意義的旅程前進！

詹姆士・杭特　二〇〇四年，二月

附錄一：「領導技能清單」

管理人姓名 ______________________________

位階 ____________________ 部門 ____________________

請在適當的空格內打勾，如果對於某個敘述沒有特別的意見時，請不要做任何記號	非常同意	同意	不同意	非常不同意
1. 常常對別人表達謝意。	☐	☐	☐	☐
2. 當問題發生時，會挺身而出，與之對抗。	☐	☐	☐	☐
3. 常常花時間在辦公室裡走動，多與部屬互動。	☐	☐	☐	☐
4. 常常鼓勵別人。	☐	☐	☐	☐
5. 對部屬說明工作的目標是什麼。	☐	☐	☐	☐
6. 是個好的傾聽者。	☐	☐	☐	☐
7. 常常指導部屬，進行詢商，以求達成工作目標。	☐	☐	☐	☐
8. 以禮待人（視部屬為十分重要的人）。	☐	☐	☐	☐
9. 致力於部屬的發展訓練。	☐	☐	☐	☐
10. 使部屬負起責任，以達到工作要求的標準。	☐	☐	☐	☐
11. 給予有成就者應得的獎賞。	☐	☐	☐	☐
12. 時時表現出耐心以及自制力。	☐	☐	☐	☐
13. 是個讓部屬可放心追隨的好領導人。	☐	☐	☐	☐
14. 具備專業技能，足以勝任當前的工作。	☐	☐	☐	☐

請在適當的空格內打勾，如果對於某個敘述沒有特別的意見時，請不要做任何記號	非常同意	同意	不同意	非常不同意
15. 可以滿足其他人的「所需」（need）（相對於「所欲」〔wants〕）。	☐	☐	☐	☐
16. 可以原諒部屬的錯誤，不會記恨。	☐	☐	☐	☐
17. 是個值得別人信任的人。	☐	☐	☐	☐
18. 從不會在背後算計他人（或在他人背後說壞話等等）。	☐	☐	☐	☐
19. 適時給予部屬正面的回饋。	☐	☐	☐	☐
20. 從未在公開的場合羞辱或是懲罰部屬。	☐	☐	☐	☐
21. 對個人、部屬及部門設立高標準。	☐	☐	☐	☐
22. 以積極的態度面對工作。	☐	☐	☐	☐
23. 對其他部門的決議，都會審慎回應。	☐	☐	☐	☐
24. 是個公平且行事一致的領導人，凡事以身作則。	☐	☐	☐	☐
25. 不是一個喜好掌控，或太過強勢的人。	☐	☐	☐	☐

請列出被評估者所擁有的最佳領導特質，或是技能。

____

____

請列出被評估者需要改進的領導技能。

____

____

附錄二：「領導技能清單」 自我評量

管理人姓名 ____

位階 ______________________ 部門 ______________________

請在適當的空格內打勾，如果對於某個敘述沒有特別的意見時，請不要做任何記號	非常同意	同意	不同意	非常不同意
1. 我常常對別人表達謝意。	□	□	□	□
2. 當問題發生時，會挺身而出，與之對抗。	□	□	□	□
3. 我會常常花時間在辦公室裡走動，多與部屬互動。	□	□	□	□
4. 我常常鼓勵別人。	□	□	□	□
5. 我會對部屬說明工作的目標是什麼。	□	□	□	□
6. 我是個好的傾聽者。	□	□	□	□
7. 我會常常指導部屬，進行詢商，以求達成工作目標。	□	□	□	□
8. 我會以禮待人（視部屬為十分重要的人）。	□	□	□	□
9. 我會致力於部屬的發展訓練。	□	□	□	□
10. 我會使部屬負起責任，以達到工作要求的標準。	□	□	□	□
11. 我會給予有成就者應得的獎賞。	□	□	□	□
12. 我會時時表現出耐心以及自制力。	□	□	□	□
13. 我是個讓部屬可放心追隨的好領導人。	□	□	□	□
14. 我具備適當專業技能，足以勝任當前的工作。	□	□	□	□

請在適當的空格內打勾，如果對於某個敘述沒有特別的意見時，請不要做任何記號	非常同意	同意	不同意	非常不同意
15. 我可以滿足其他人的「所需」（need）（相對於「所欲」〔wants〕）。	☐	☐	☐	☐
16. 我會原諒部屬的錯誤，不會記恨。	☐	☐	☐	☐
17. 我是個值得信任的人。	☐	☐	☐	☐
18. 我從不會在背後算計他人（或在他人背後說壞話等等）。	☐	☐	☐	☐
19. 我會適時給予部屬正面的回饋。	☐	☐	☐	☐
20. 我從未在公開的場合羞辱或是懲罰部屬。	☐	☐	☐	☐
21. 我對個人、部屬及部門設立高標準。	☐	☐	☐	☐
22. 我以積極的態度面對工作。	☐	☐	☐	☐
23. 我對其他部門的決議，都會審慎回應。	☐	☐	☐	☐
24. 我是個公正且行事一致的領導人，凡事以身作則。	☐	☐	☐	☐
25. 我不是一個喜好掌控，或太過強勢的人。	☐	☐	☐	☐

請列出自己所擁有的最佳領導特質，或是技能。

____

____

請列出自己需要改進的領導技能。

____

____

簽名 ______________________ 日期 ______________________

附錄三：「領導技能清單」 總評

姓名：威廉·強生　　　　位階：營運部經理

問卷繳回數目：11份

	自我評量	部屬，同儕以及主管的評鑑 綜合評量	非常同意	同意	不同意	非常不同意
1. 擁有適當的專業技能，足以勝任當前的工作。	3.8	3.0	7	1	1	0
2. 是個值得信任的人。	4	3.6	5	4	0	0
3. 不是個喜好掌控，或太過強勢的人。	4	3.6	5	4	0	0
4. 常常鼓勵別人。	4	3.4	4	5	0	0
5. 以禮待人。	4	3.4	4	5	0	0
6. 適時給予正面的回饋。	4	3.4	4	5	0	0
7. 常常鼓勵別人。	4	3.3	3	6	0	0
8. 會對部屬說明工作的目標是什麼。	4	3.3	3	6	0	0
9. 給予有成就者應得的獎賞。	4	3.3	3	6	0	0
10. 不會在背後算計他人。	4	3.2	4	4	1	0
11. 是個好的傾聽者。	4	3.0	3	4	0	1
12. 是個讓部屬可放心追隨的好領導人。	3	3.0	2	6	1	0
13. 以積極的態度面對工作。	4	2.9	3	4	2	0
14. 能時時表現出耐心以及自制力。	4	2.8	4	2	3	0
15. 會原諒部屬的錯誤，不會記恨。	4	2.8	2	4	2	0
16. 當問題發生時，會挺身而出，與之對抗。	3	2.6	2	4	3	0
17. 使部屬負起責任，以達到工作要求的標準。	3	2.2	1	4	4	0
18. 是位公正且行事一致的領導人，凡是以身作則。	4	2.2	1	4	4	0
19. 可以滿足其他人的「所需」(相對於「所欲」)。	3	1.8	1	3	3	2

分數：0.0到2.3　急切需要改進　　2.4到2.7　存在潛在問題

2.8到3.1　良好　　3.2到4.0　優秀

姓名：威廉・強生

受測者所擁有最值得稱許的領導特質、技能有哪些？

「對於同事以及部屬，我都是採取十分支持的態度對待他們，我也是個非常積極的人，我最想見到的，就是我的部屬可以在自己的工作崗位上得到成就，同時，我也會盡自己所能協助他們達到這個目標。」

- 與所有的員工進行開放式的溝通，可以快速回應部屬所需要的協助，但在決策方面十分堅持己見。
- 對於旁人都持正面的態度，當有部屬要求他負起責任時，絕對會挺身而出。
- 渴望成功。
- 積極的態度、良好的專業技能、分析能力強、喜於溝通、具幽默感。
- 公正且行事一致，充分支持自己的團隊。在做出決策之前願意傾聽建議以及了解每一位員工的處境。
- 我覺得威廉適合與有問題的員工相處，他處理這方面問題的能力很強，而且，他總是能很有耐心地指導別人。
- 威廉與他的同事或是部屬相處時表現得十分優秀，他很會激勵他人。他受人喜愛的個性可以提升整個辦公室的士氣。
- 是個平易近人的主管，大家都喜歡與他共事。

受測者需要改進以及加強的領導技能有哪些？

「當我在會議中失控時，我必須學著控制自己的情緒。我必須要有卓越的表現以贏得主管的尊重，進而取得他們的信任。」

- 會告知部屬自己的行程以及任何的變動。當談論有關員工的議題時，會特別小心。
- 常常詢問其他人有沒有任何需要幫忙的事情（不會只坐在一旁發呆）。
- 要求部屬負責。
- 必須不偏頗且處事公正。應以平等的方式對待每一個人，不能只關照自己的好友。
- 多數的營運經理都沒有接受過顧客服務的線上訓練，因此，面對客戶來電時，往往不能做出適當的回應。不懂得要求部屬對自己的工作負責，老是想當個好好先生。常常在小事上藉題發揮，宣洩自己的負面情緒。
- 常常會對自己的部屬施以小惠，對於自己的部屬所犯的錯誤，即使有人提出檯面上討論時，也不會追究。
- 具一致性、耐性，讓自己的部屬擁有足以勝任工作的技能。不會為員工付出，與員工之間劃清界線，但是與好友之間又混淆不清。
- 具責任感，但卻不會要求部屬在截止時限內將工作完成。

附錄四：SMART行動計畫

姓名：______________ 職位：______________ 日期：______________

特定的（Specific）

說明你的目標，以及你想達成此一目標的方式。（舉例來說：我會對我的直屬主管表現出更真誠的感謝，我每天會對兩個〈或以上〉同事表現出真誠的感謝。）

請陳述你的目標，以及如何達成此一目標的方式。

____

____

可量測的（Measurable）

說明應如何追蹤及量測改善的方式以及進度。（舉例來說：每天我會在PDA〔個人數位助理〕中記載自己感謝的人的姓名，以及感謝的內容。）

請陳述欲達成的目標應如何加以量測。

____

____

可達成的（Achievable）

說明你設定的目標是可達成的，並說明自己目前能達到的程度。（舉例來說：對我來說，對別人致謝是一件很難做的事，但是，如果一天只需要向兩個人致謝，這個目標還是可以達成的。）

請討論達成目標的可能性以及範圍。

____

____

相關的（Relevant）

說明你的目標與公司目標的相關性。（舉例來說：人的天生「所需」之一，就是被讚美。而身為領導人必須雖然滿足這項需求，但這是我的弱項，同時也是我需要改善的地方。）

請陳述為何你的目標與公司的目標具有相關性，而且是適當的。

____

____

有時間限制的（Time-bound）

說明目標的達成時間。（舉例來說：我會在接下來的九十天內，也就是從十月一日到十二月三十一日之間，每天監督自己在這方面的改善狀況。）

請陳述行動以及量測的時間表。

____

____

新商業周刊叢書　BW0372X

僕人II

修練與實踐

作　　　者／詹姆士・杭特（James C. Hunter）
譯　　　者／李紹廷
責 任 編 輯／陳冠豪
版　　　權／吳亭儀、江欣瑜、顏慧儀、游晨瑋
行 銷 業 務／周佑潔、華華、林詩富、吳淑華、吳藝佳

總　編　輯／陳美靜
總　經　理／彭之琬
事業群總經理／黃淑貞
發　行　人／何飛鵬
法 律 顧 問／元禾法律事務所　王子文律師
出　　　版／商周出版　台北市南港區昆陽街16號4樓
電話：(02)2500-7008　傳真：(02)2500-7759
E-mail：bwp.service@cite.com.tw
Blog：http://bwp25007008.pixnet.net/blog
發　　　行／英屬蓋曼群島商家庭傳媒股份有限公司城邦分公司
台北市南港區昆陽街16號8樓
書虫客服服務專線：(02)2500-7718・(02)2500-7719
24小時傳真服務：(02)2500-1990・(02)2500-1991
服務時間：週一至週五09:30-12:00・13:30-17L00
郵撥帳號：19863813　戶名：書虫股份有限公司
讀者服務信箱：service@readingclub.com.tw
歡迎光臨城邦讀書花園　網址：www.cite.com.tw
香 港 發 行 所／城邦（香港）出版集團有限公司
香港九龍九龍城土瓜灣道86號順聯工業大廈6樓A室
電話：(825)2508-6231　傳真：(852)2578-9337
E-mail：hkcite@biznetvigator.com
馬 新 發 行 所／城邦（馬新）出版集團【Cite (M) Sdn. Bhd.】
41, Jalan Radin Anum, Bandar Baru Sri Petaling,
57000 Kuala Lumpur, Malaysia.
電話：(603)9056-3833　傳真：(603)9057-6622
E-mail: services@cite.my

封 面 設 計／黃聖文、兒日設計　　內文排版／李秀菊、林婕瀅
印　　　刷／鴻霖印刷傳媒股份有限公司
經　銷　商／聯合發行股份有限公司　電話：(02)2917-8022　傳真：(02) 2911-0053
地址：新北市新店區寶橋路235巷6弄6號2樓

■ 2005年9月初版
2025年1月三版

定價／400元（紙本）
ISBN：978-626-390-407-1（紙本）

國家圖書館出版品預行編目（CIP）資料

僕人II：修練與實踐/詹姆士・杭特（James C. Hunter）著；李紹廷譯. -- 初版. -- 臺北市：商周出版：英屬蓋曼群島商家庭傳媒股份有限公司城邦分公司發行, 民114.1
面；　公分. --（新商業周刊叢書；BW0372X）
譯自：The World's Most Powerful Leadership Principle
ISBN　978-626-390-407-1（平裝）
1. CST：企業領導　2. CST：商業倫理
494.2　　113019911

Printed in Taiwan
城邦讀書花園
www.cite.com.tw

廣 告 回 函
北區郵政管理登記證
台北廣字第000791號
郵資已付，免貼郵票

115台北市南港區昆陽街 16 號 8 樓

英屬蓋曼群島商家庭傳媒股份有限公司
城邦分公司　收

請沿虛線對摺，謝謝！

書號: BW0372X　　書名: 僕人II：修練與實踐　　編碼:

請於此處用膠水黏貼

商周出版

讀者回函卡

謝謝您購買我們出版的書籍！ 請費心填寫此回函卡，我們將不定期寄上城邦集團最新的出版訊息。

姓名：＿＿＿＿＿＿＿＿＿＿＿＿＿＿＿＿ 性別：□男 □女

生日：西元＿＿＿＿＿＿年＿＿＿＿＿＿月＿＿＿＿＿＿日

地址：＿＿＿＿＿＿＿＿＿＿＿＿＿＿＿＿＿＿＿＿

聯絡電話：＿＿＿＿＿＿＿＿＿＿ 傳真：＿＿＿＿＿＿＿＿＿＿

E-mail：＿＿＿＿＿＿＿＿＿＿＿＿＿＿＿＿＿＿＿＿

學歷：□1.小學 □2.國中 □3.高中 □4.大專 □5.研究所以上

職業：□1.學生 □2.軍公教 □3.服務 □4.金融 □5.製造 □6.資訊

□7.傳播 □8.自由業 □9.農漁牧 □10.家管 □11.退休

□12.其他＿＿＿＿＿＿＿＿＿＿＿＿＿＿＿＿

您從何種方式得知本書消息？

□1.書店 □2.網路 □3.報紙 □4.雜誌 □5.廣播 □6.電視

□7.親友推薦 □8.其他＿＿＿＿＿＿＿＿＿＿＿＿

您通常以何種方式購書？

□1.書店 □2.網路 □3.傳真訂購 □4.郵局畫撥 □5.其他＿＿＿＿

您喜歡閱讀哪些類別的書籍？

□1.財經商業 □2.自然科學 □3.歷史 □4.法律 □5.文學

□6.休閒旅遊 □7.小說 □8.人物傳記 □9.生活、勵志 □10.其他

對我們的建議：＿＿＿＿＿＿＿＿＿＿＿＿＿＿＿＿＿＿＿＿

＿＿＿＿＿＿＿＿＿＿＿＿＿＿＿＿＿＿＿＿

＿＿＿＿＿＿＿＿＿＿＿＿＿＿＿＿＿＿＿＿

＿＿＿＿＿＿＿＿＿＿＿＿＿＿＿＿＿＿＿＿

＿＿＿＿＿＿＿＿＿＿＿＿＿＿＿＿＿＿＿＿

請於此處用膠水黏貼